經營顧問叢書 ㉛㉒

U0034853

銷 售 獎 勵 辦 法

何永祺　編著

憲業企管顧問有限公司　　發行

《銷售獎勵辦法》

序　言

　　銷售獎勵辦法，流傳著這麼一個故事：

　　一條獵狗將兔子趕出了窩，一直追趕他，追了很久仍沒有捉到。獵人看到此種情景，譏笑獵狗說：「你們兩個之間小的跑得反而比大的快。」獵狗回答說：「那當然了，因為我們跑的動機是不同的。我僅僅為了一頓飯而跑，他卻是為了性命而跑呀！」

　　獵人想：獵狗說的對啊，那我要想得到更多的獵物，得想個好法子。於是，獵人買來幾條獵狗，凡是能夠在打獵中捉到兔子的，就可以得到幾根骨頭，捉不到的就沒有飯吃。這一招果然有用，獵狗們紛紛去努力追兔子，因為誰都不願意看著別人有骨頭吃，而自己沒有吃的。

　　就這樣過了一段時間，問題又出現了。大兔子難捉到，小兔子就好捉，但捉到大兔子得到的獎賞和捉到小兔子得到的獎賞差不多，獵狗們善於觀察，發現了這個竅門，專門去捉小兔

子。慢慢地，大家都發現了這個竅門。獵人對獵狗說：「最近你們捉的兔子越來越小了，為什麼？」獵狗們說：「反正沒有多大的區別，為什麼費那麼大的勁去捉那些大的呢？」

獵人經過思考後，決定不將分得骨頭的數量與是否捉到兔子掛鉤，而是採用每過一段時間，就統計一次獵狗捉到兔子的總重量，按照重量來評價獵狗，並決定一段時間內的待遇。於是，獵狗們捉到兔子的數量和重量都增加了，獵人很開心。

企業處在不同的發展階段，就會有不同的目標、發展戰略及相應的實施計畫，但再完美的戰略和計畫，也是要由人來執行的，透過各部門、各崗位人員的日常辛勤工作，才能夠將企業戰略規劃、行動計畫，付諸實施。

企業要保證員工忠實、盡心、積極主動地履行自己的職責，就必須透過各種獎勵辦法的制度設計，按績效考核，令員工自動自發、忠誠敬業的工作原動力，其中最為基礎的，就是要明確薪酬考核的相關激勵方式，並能做到嚴格執行和適時調整。

針對企業界最關心的銷售獎勵方式，本書提供一系列的銷售獎勵辦法，包括規劃辦法、績效考核設計、實施細則，本書是銷售獎勵辦法大全集，你一定可以找到你想要的獎勵方式。

2016 年 11 月

《銷售獎勵辦法》

目　錄

第一章　銷售獎勵辦法的底薪和獎金設計 / 6

1　底薪設計的依據水準 ································ 6

2　底薪層級的設計依據 ································ 8

3　底薪的形式 ·· 10

4　底薪的設計重點 ····································· 11

5　銷售獎勵辦法的量化指標 ······················ 14

6　銷售獎勵的量化考核方案 ······················ 20

7　銷售獎勵的核算制度 ····························· 28

8　銷售獎勵比例設計 ································· 30

9　銷售獎勵兌現時間的設計 ······················ 39

10　銷售獎勵辦法的設計偏失 ····················· 42

11　銷售獎勵辦法的修改 ···························· 45

12　銷售獎勵辦法的定量績效指標 ··············· 49

13　制定出銷售獎勵辦法的銷售定額 ············· 53

14　輔助銷售獎勵的設計原因 ····················· 58

15　銷售獎勵發放形式 ······························ 62

16　銷售獎勵的爭議管理制度 ····················· 64

第 2 章　銷售獎勵辦法的大方向設計 / 68

　1　業績導向的銷售獎勵體系設計──────68

　2　成本導向的銷售獎勵體系設計──────79

　3　新產品導向的銷售獎勵體系設計─────86

　4　費用導向的銷售獎勵辦法設計──────91

　5　銷售渠道導向的銷售獎勵辦法設計────94

　6　不同銷售地區的銷售獎勵方案設計───106

　7　不同產品的銷售獎勵方案設計─────113

第 3 章　銷售獎勵辦法設計 / 117

　1　大客戶部門的銷售獎勵方案設計────117

　2　大客戶部門的績效考核設計──────125

　3　各種銷售獎勵核算辦法────────138

　4　銷售部門的銷售獎勵方案設計─────162

　5　銷售部的績效考核設計────────175

　6　網路銷售人員銷售獎勵方案設計────183

　7　網路銷售人員績效考核────────189

　8　電話銷售人員銷售獎勵方案設計────204

　9　電話銷售人員績效考核設計──────210

　10　零售店的銷售獎勵方案設計──────215

　11　零售店銷售人員績效考核───────223

　12　汽車展示店的售後服務獎勵方案────232

　13　電器店的維修服務獎勵方案─────234

　14　軟體業的售後服務人員獎勵方案────239

第 4 章 　 銷售相關部門人員的薪酬與考核 ／ 244

1　市場總監的薪酬與考核 ──────── 244

2　銷售總監的薪酬與考核 ──────── 250

3　大區經理的薪酬與考核 ──────── 255

4　銷售代表的薪酬與考核 ──────── 260

5　銷售部內勤員的薪酬與考核 ────── 263

6　產品經理的薪酬與考核 ──────── 266

7　廣告公關主管的薪酬與考核 ────── 270

8　促銷主管的薪酬與考核 ──────── 273

9　陳列主管的薪酬與考核 ──────── 276

10　銷售主管的薪酬與考核 ──────── 279

11　批發商銷售員的薪酬與考核 ────── 283

12　顧客服務中心主管的薪酬與考核 ──── 286

13　技術培訓經理的薪酬與考核 ────── 293

第五章 　 銷售獎勵辦法的案例分析 ／ 297

第 一 章

銷售獎勵辦法的底薪和獎金設計

1 底薪設計的依據水準

銷售獎勵辦法的底薪設計,要考慮到行業水準、企業的現況。

1.行業水準

行業水準是指企業所在行業的整體水準,主要包括行業營利水準、行業競爭水準、行業發展前景以及行業薪資水準等。

企業在設計銷售人員的底薪時,應充分考慮企業所在行業的水準。影響底薪的行業水準如表 1-1-1 所示。

2.企業狀況

企業水準主要體現在企業的支付能力和企業發展階段上。底薪的設計應在企業人力成本支付限度以內,如何有效地設計底薪是非常重要的,如果超出企業的支付限度,將導致企業財政惡化。

設計底薪時還應該考慮企業的發展階段,企業應根據其發展階段設計合適的底薪。

(1)企業處於開創期,產品銷售困難,此時可以設計高底薪。

(2)當企業達到快速成長期時,客戶群變動大,為了快速佔領市場,企業應設計高銷售獎勵,此時應降低底薪額度。

(3)當企業處於成熟期時,客戶群相對穩定,為了維護和鞏固現有的市場渠道及客戶關係,保持內部穩定,企業應設計高底薪、低銷售獎勵。

(4)當企業走向衰退期,銷售收入和利潤會大幅減少,此時企業應根據自身的內部條件選擇有利的競爭戰略,獲取盡可能多的利益。若企業走向衰退的原因是內部管理問題,此時企業應設計<低底薪＋低銷售獎勵>,減小資金支出;若企業走向衰退是由於產品原因,此時企業應設計<低底薪＋高銷售獎勵>,以提高產品的銷量,迅速回籠資金。

表 1-1-1 影響底薪的行業水準

新興行業	成熟行業
處於快速發展期	發展速度趨於穩定
行業競爭壓力小	市場競爭激烈
屬於高利潤行業	利潤空間逐步變小
銷售人員對銷售的促進作用較大,銷售獎勵較高	競爭轉向成本和服務,銷售人員作用減弱
企業大多制定較高的銷售獎勵	大多採用(高底薪＋低銷售獎勵)的方式

2 底薪層級的設計依據

1. 按照工作職級

銷售人員的底薪可以按照職級進行設計，銷售人員的職級可以按管理晉升和專業發展兩種途徑進行劃分。

不同的職級應設定不同的底薪標準，隨著銷售人員職級的升高，應增加相應的底薪。

2. 按照業績

表 1-2-1　某區域銷售經理按業績設計的底薪表

層級劃分	銷售業績(季)	係數	底薪標準
S	500 萬(含)元以上	1.3	M×1.3
A	400 萬(含)～500 萬元	1.2	M×1.2
B	300 萬(含)～400 萬元	1.1	M×1.1
C	200 萬(含)～300 萬元	1	M×1
D	200 萬(含)～300 萬元	0.8	M×0.8
E	100 萬(含)－200 萬元	0.7	M×0.7
F	100 萬元以下	0.6	M×0.6
說明	1. M 為銷售員底薪基準額,M×0.6 的值不能低於最低工資標準; 2.試用期銷售經理按最低標準領取底薪,底薪按季進行調整。		

　　按照銷售業績設計的底薪屬於動態底薪，動態底薪最低不得低於當地政府規定的最低工資標準。

　　按照銷售業績設計底薪的前提必須是在同一銷售區域銷售相同產品以及同一銷售級別的銷售人員。表 1-2-1 為某銷售區域銷售經理按銷售業績設計的底薪表。

3.按照資歷

　　銷售人員的資歷一般是指銷售人員從事銷售工作的時間長短。這裏所說的資歷是從學歷和工作時間兩個維度進行說明的。

　　企業按照資歷設計底薪時主要是考慮銷售人員的學歷以及到企業的工作時間，具體如表 1-2-2 所示。

表 1-2-2　按資歷設計底薪表

薪酬＼時間／學歷	在本企業工作時間				
	1 年(含)以下	1～3 年	3(含)～5 年	5(含)～10 年	10 年(含)以上
雙學士	3000 元	3500 元	4000 元	4500 元	5000 元
大學	2500 元	3000 元	3500 元	4000 元	4000 元
大專	2000 元	2500 元	3000 元	3500 元	3500 元
中專	1500 元	2000 元	2500 元	3000 元	3000 元

3 底薪的形式

1. 無任務底薪

無任務底薪是指沒有工作任務,只要工作就能拿到的工資,即員工即使沒能完成用人單位所下達的任務指標也可以拿到該單位所規定的最低薪水。

無任務底薪與銷售業績完成情況無關,一般每月固定發放底薪。

2. 任務底薪

任務底薪是指要完成一定的工作任務才能拿到相應的底薪,即員工必須完成用人單位所規定的任務,如果沒有完成就拿不到應拿的薪水。這種底薪形式和業績完成情況直接相關,根據業績完成率按比例或既定的標準發放。

3. 混合底薪

混合底薪是指底薪中有一定比例是無任務底薪,固定發放,其餘部份和任務完成額度掛鈎。

這種底薪形式與銷售業績有一定的關聯性,底薪中一部份固定發放,另一部份根據銷售目標完成率核算發放。

4 底薪的設計重點

1. 要設計有幾個級差

底薪級差是指不同等級之間底薪相差的幅度,即企業內最高底薪與最低底薪的比例關係以及其他各等級之間的底薪比例關係。底薪級差越大,激勵性越強。

等級級差主要包括等比級差、累計級差和不規則級差三種。企業在設計銷售人員底薪等級級差時應注意兩個方面的內容,即設計原則和考慮因素,具體如表 1-4-1 所示。

表 1-4-1 銷售人員底薪等級級差的設計原則和考慮因素

設計原則	考慮因素
1. 最高等級與最低等級底薪比例關係決定拉開底薪差距的大小; 2. 差距大,容易造成銷售人員不團結,也可能會超出企業支付能力; 3. 差距小,不能體現激勵性原則,會影響銷售人員的積極性。	1. 等級之間的工作複雜程度; 2. 工作責任大小; 3. 企業支付能力; 4. 當地政府規定的最低工資標準; 5. 同行業的底薪水準; 6. 競爭對手的底薪水準。

2. 要設計有幾個層級

層級是責任大小、難易程度相近的崗位組合,體現不同級別的崗位;層級多,銷售人員的上升空間就大。銷售人員可以劃分為一

般銷售專員、銷售主管、銷售經理和銷售總監等。

企業設計層級時,其數量的多少與企業規模和未來發展有關。

表 1-4-2 為某企業銷售人員按層級設計的底薪表。

表 1-4-2　銷售人員層級底薪標準表

等級	職務	層級	底薪標準	晉升條件
1	銷售總監	1 級	3000 元	剛上任的銷售總監
		2 級	4000 元	一年超額完成目標 50%
		3 級	6000 元	兩年超額完成目標 50%
2	銷售經理	1 級	1500 元	剛上任的銷售經理
		2 級	2000 元	一年超額完成目標 40%
		3 級	2500 元	連續兩年超額完成目標 30%
3	銷售主管	1 級	1000 元	剛上任的銷售主管
		2 級	1200 元	一年完成銷售目標
		3 級	1400 元	連續兩年超額完成目標
		4 級	1500 元	連續三年超額完成目標
4	一線銷售專員	1 級	700 元	新聘無經驗的試用期員工
		2 級	800 元	兩年完成銷售任務量或 一年超額完成任務量 50%
		3 級	900 元	三年完成銷售任務量或 兩年超額完成任務量 30%
		4 級	1000 元	五年完成銷售任務量或 三年超額完成任務量 20%
備註	為了提高銷售人員的積極性,規定達到高層級拿高底薪的銷售人員若連續兩年不能達到銷售任務量,應被降級,減少底薪			

3.底薪與銷售獎勵要加以平衡

底薪與銷售獎勵的平衡，可根據企業所在行業，以及企業的發展階段、品牌影響力與產品特性等因素確定。底薪與銷售獎勵的組合一般包括「低底薪＋高銷售獎勵」和「高底薪＋低銷售獎勵」兩種。

例如銷售員的底薪設計，應依據企業發展階段的特點進行改變，具體內容如表 1-4-3 所示。

表 1-4-3　不同組合的底薪與銷售獎勵比較表

不同組合	企業發展階段	市場佔有率	品牌優勢	客戶群	優點
純佣金制	創業期	小	低	尋找、發展客戶	有利於迅速打開市場，提高銷售人員積極性
低底薪高銷售獎勵	成長期	較小	較高	變動大	有利於企業快速佔領市場，激發銷售人員的工作積極性
高底薪低銷售獎勵	成熟期	大	高	相對穩定	有利於企業維護和鞏固現有市場渠道與客戶群，保持企業內部穩定

5 銷售獎勵辦法的量化指標

一、銷售業績量化指標

企業制定銷售業績量化指標一般從產品類別、銷售區域兩個維度出發,設計銷售額和銷售目標完成率兩個指標,具體如表 1-5-1 所示。

表 1-5-1　銷售業績量化指標

指標＼區域＼產品	I 區域		II 區域		III 區域	
	銷售額	任務完成率	銷售額	任務完成率	銷售額	任務完成率
產品 A	＿元	＿%	＿元	＿%	＿元	＿%
產品 B	＿元	＿%	＿元	＿%	＿元	＿%
產品 C	＿元	＿%	＿元	＿%	＿元	＿%
產品 D	＿元	＿%	＿元	＿%	＿元	＿%
各區域總銷售目標	銷售額達到＿元,平均完成率達到＿%		銷售額達到＿元,平均完成率達到＿%		銷售額達到＿元,平均完成率達到＿%	
年度銷售目標	年度總銷售額			目標完成率		
銷售獎勵說明	完成銷售額,按銷售額的 1%計提銷售獎勵;未完成銷售額,按銷售額的 1%×銷售任務完成率計提銷售獎勵					

二、銷售利潤量化指標

企業制定銷售利潤量化指標一般從銷售區域、銷售人員級別兩個維度出發，設計銷售利潤額和銷售毛利率兩個指標，具體如表1-5-2所示。

表 1-5-2　　銷售利潤量化指標

區域 \ 項目	產品年度銷售利潤目標			
	銷售人員職務	銷售額	銷售利潤	銷售毛利率
Ⅰ區域	銷售經理	＿＿萬元	＿＿萬元	＿＿%
	銷售主管	＿＿萬元	＿＿萬元	＿＿%
	銷售專員	＿＿萬元	＿＿萬元	＿＿%
Ⅱ區域	銷售經理	＿＿萬元	＿＿萬元	＿＿%
	銷售主管	＿＿萬元	＿＿萬元	＿＿%
	銷售專員	＿＿萬元	＿＿萬元	＿＿%
Ⅲ區域	銷售經理	＿＿萬元	＿＿萬元	＿＿%
	銷售主管	＿＿萬元	＿＿萬元	＿＿%
	銷售專員	＿＿萬元	＿＿萬元	＿＿%
銷售獎勵說明	①銷售經理不參與直接銷售，主要負責銷售團隊的管理； ②對銷售額、銷售利潤兩項指標，銷售主管（自行銷售目標）和銷售專員的目標值之和等於銷售經理的目標值； ③完成銷售額或銷售利潤，按銷售利潤的 2%計提銷售獎勵；未完成銷售額或銷售利潤，按銷售利潤的 1%計提銷售獎勵。			

三、銷售費用量化指標

銷售費用是指銷售產品過程中產生的費用,主要包括廣告費、促銷費、差旅費、業務招待費、公關費以及售後服務費等。銷售費用量化指標主要從銷售產品類別和各項銷售費用出發進行設計,具體如表 1-5-3 所示。

表 1-5-3　銷售費用量化指標

費用項目＼產品類別	銷售費用預算					
	廣告費	業務接待費	差旅費	促銷費	公關費	售後服務費
A 產品	＿＿萬元	＿＿萬元	＿＿萬元	＿＿萬元	＿＿萬元	＿＿萬元
B 產品	＿＿萬元	＿＿萬元	＿＿萬元	＿＿萬元	＿＿萬元	＿＿萬元
C 產品	＿＿萬元	＿＿萬元	＿＿萬元	＿＿萬元	＿＿萬元	＿＿萬元
……	＿＿萬元	＿＿萬元	＿＿萬元	＿＿萬元	＿＿萬元	＿＿萬元
費用預算小計	＿＿萬元	＿＿萬元	＿＿萬元	＿＿萬元	＿＿萬元	＿＿萬元
銷售費用預算總指標	銷售費用＿＿萬元　　　　　　　銷售費用率＝＿＿%					
銷售獎勵說明	①銷售費用率＝考核期內銷售費用/考核期內銷售收入×100% ②設計銷售獎勵比例時,不可只考核銷售業績,還應考慮銷售費用的支出情況;銷售費用率目標值為 5%～9%,銷售費用率低於 5%,應獎勵減少部份的 100%,銷售費用率為 5%～9%,應獎勵超額部份的 50%;銷售費用率高於 9%,取消銷售人員的銷售獎勵。 ③銷售獎勵＝(銷售收入×回款率)×銷售獎勵比例－銷售費用超出部份×50%					

四、銷售回款量化指標

企業為銷售人員制定銷售回款量化指標一般從產品類別、銷售區域、回款額以及回款費用四個方面考慮，具體量化指標如表1-5-4所示。

表 1-5-4　銷售回款量化指標

項目＼回款指標		年度回款指標				
		銷售額	回款額	回款率	回款費用	回款費用率
Ⅰ銷售區域	A 產品	＿＿萬元	＿＿萬元	＿＿%	＿＿萬元	＿＿%
	B 產品	＿＿萬元	＿＿萬元	＿＿%	＿＿萬元	＿＿%
	C 產品	＿＿萬元	＿＿萬元	＿＿%	＿＿萬元	＿＿%
	區域總目標	銷售額＿＿萬元，回款額＿＿萬元，回款費用＿＿萬元，回款率＿＿%				
Ⅱ銷售區域	A 產品	＿＿萬元	＿＿萬元	＿＿%	＿＿萬元	＿＿%
	B 產品	＿＿萬元	＿＿萬元	＿＿%	＿＿萬元	＿＿%
	C 產品	＿＿萬元	＿＿萬元	＿＿%	＿＿萬元	＿＿%
	區域總目標	銷售額＿＿萬元，回款額＿＿萬元，回款費用＿＿萬元，回款率＿＿%				
Ⅲ銷售區域	A 產品	＿＿萬元	＿＿萬元	＿＿%	＿＿萬元	＿＿%
	B 產品	＿＿萬元	＿＿萬元	＿＿%	＿＿萬元	＿＿%
	C 產品	＿＿萬元	＿＿萬元	＿＿%	＿＿萬元	＿＿%
	區域總目標	銷售額＿＿萬元，回款額＿＿萬元，回款費用＿＿萬元，回款率＿＿%				

續表

公司銷售回款 總指標	銷售額＿＿萬元，回款額＿＿萬元，回款費用＿＿萬元，回款率＿＿%
銷售獎勵說明	①回款率＝年度回款總金額/年度應收賬款總額×100% 　回款費用率＝年度回款發生的費用/年度實際回款金額× 　　　　　　100% ②區域年度總指標，指該銷售區域年度所有產品的總銷售 　額、總回款額、總回款費用和平均回款率。 ③公司銷售回款總指標，指年度內所有產品的總銷售額、 　總回款額、總回款費用和平均回款率。 ④銷售獎勵應根據銷售回款額完成情況進行計提，銷售獎 　勵＝回款額×銷售獎勵比例。完成銷售回款指標，提取 　回款額的 2%；未完成銷售回款指標，提取回款額的 2% 　×（實際完成回款額/回款指標）

心得欄 ----------------------------

五、壞賬量化指標

企業為銷售人員制定壞賬量化指標一般從銷售額、壞賬額和壞賬率三個方面考慮，具體量化指標如表 1-5-5 所示。

表 1-5-5　壞賬量化指標

壞賬指標／項目		第一季			第二季			…
		銷售額	壞賬額	壞賬率	銷售額	壞賬額	壞賬率	
Ⅰ 銷售區域	銷售經理	＿＿萬元	＿＿萬元	＿＿%	＿＿萬元	＿＿萬元	＿＿%	
	銷售主管	＿＿萬元	＿＿萬元	＿＿%	＿＿萬元	＿＿萬元	＿＿%	
	銷售專員	＿＿萬元	＿＿萬元	＿＿%	＿＿萬元	＿＿萬元	＿＿%	
	區域總指標	銷售額＿＿＿萬元，壞賬額＿＿＿萬元，壞賬率＿＿＿%						
Ⅱ 銷售區域	銷售經理	＿＿萬元	＿＿萬元	＿＿%	＿＿萬元	＿＿萬元	＿＿%	
	銷售主管	＿＿萬元	＿＿萬元	＿＿%	＿＿萬元	＿＿萬元	＿＿%	
	銷售專員	＿＿萬元	＿＿萬元	＿＿%	＿＿萬元	＿＿萬元	＿＿%	
	區域總指標	銷售額＿＿＿萬元，壞賬額＿＿＿萬元，壞賬率＿＿＿%						
Ⅲ 銷售區域	銷售經理	＿＿萬元	＿＿萬元	＿＿%	＿＿萬元	＿＿萬元	＿＿%	
	銷售主管	＿＿萬元	＿＿萬元	＿＿%	＿＿萬元	＿＿萬元	＿＿%	
	銷售專員	＿＿萬元	＿＿萬元	＿＿%	＿＿萬元	＿＿萬元	＿＿%	
	區域總指標	銷售額＿＿＿萬元，壞賬額＿＿＿萬元，壞賬率＿＿＿%						
銷售獎勵說明		①壞賬率＝季壞賬金額/季應收賬款總額×100%； ②壞賬是指不能夠收回的應收賬款； ③在提取銷售獎勵時，應考慮到壞賬額。						

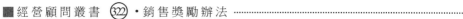
6 銷售獎勵的量化考核方案

一、銷售業績的量化考核方案

表 1-6-1　銷售業績銷售獎勵量化考核方案

被考核者：_____　職　務：_____　所在部門：_____

考核主體：_____　考核週期：_____　考核時間：_____

序號	考核內容	量化指標	權重	績效目標值	數據來源
1	銷售業務情況	銷售額	___%	達到___萬元	銷售部 財務部
		銷售目標完成率	___%	達到___%	銷售部 財務部
2	銷售增長情況	銷售增長額	___%	達到___萬元	財務部
		銷售增長率	___%	達到___%	財務部
3	市場開拓情況	市場佔有率	___%	達到___%	市場部
4	區域銷售任務	區域銷售任務完成率	___%	達到___%	銷售部 財務部
		年實現銷售收入	___%	達到___萬元	銷售部 財務部
		年內銷售增長率	___%	達到___%	銷售部 財務部
5	渠道管理	渠道開拓數量	___%	達到___個	銷售部
		渠道覆蓋率	___%	達到___%	市場部

續表

指標說明	1. 銷售目標完成率＝考核期內實際完成銷售額÷考核期內設定的銷售目標×100%； 2. 銷售增長率＝（考核期完成銷售額－基期銷售額）÷基期銷售額×100%； 3. 市場佔有率＝公司產品銷售量÷該類產品整個市場銷售總量×100%； 4. 渠道覆蓋率＝銷售產品渠道網點數÷渠道總網點數×100%
權重說明	企業可以依據被考核人的職務以及工作內容設定合理的權重
核算說明	1. 考核滿分一般設定為 100 分，達到目標值該項得滿分； 2. 未達到目標值，該項得分＝該項滿分×（實際分值÷目標值）
考核結果說明	1. 考核結果一般分為 5 個等級，分別為特優、優、良好、一般、不及格； 2. 人力資源部依據考核結果，對銷售人員計提相應銷售獎勵。獲得特優和優的銷售人員給予銷售額 5%、4%的銷售獎勵；獲得良好和一般的銷售人員，給予銷售額 3%、2%的銷售獎勵；考核不及格者，給予銷售額 1%的銷售獎勵； 3. 連續 3 次獲得特優、優的銷售人員，銷售獎勵在原有比例的基礎上增加 1%；連續 3 次考核不及格者，給予調崗、降級或辭退處理

二、銷售利潤的量化考核方案

表 1-6-2 銷售利潤銷售獎勵量化考核方案

被考核者：＿＿＿＿＿＿ 職　　務：＿＿＿＿＿＿ 所在部門：＿＿＿＿＿

考核主體：＿＿＿＿＿＿ 考核週期：＿＿＿＿＿＿ 考核時間：＿＿＿＿＿

序號	考核內容	量化指標	權重	績效目標值	數據來源
1	整體銷售利潤	銷售利潤額	＿＿%	達到＿＿萬元	銷售部 財務部
		銷售毛利率	＿＿%	達到＿＿%	銷售部 財務部
2	網路銷售利潤	網路銷售利潤	＿＿%	達到＿＿萬元	網路銷售部 財務部
		網路銷售毛利率	＿＿%	達到＿＿%	財務部
3	區域銷售利潤	區域銷售利潤額	＿＿%	達到＿＿萬元	區域銷售部 財務部
		區域銷售毛利率	＿＿%	達到＿＿%	區域銷售部 財務部
4	電話銷售利潤	電話銷售利潤額	＿＿%	達到＿＿萬元	電話銷售部 財務部
		電話銷售毛利率	＿＿%	達到＿＿%	財務部

續表

指標說明	1. 銷售利潤額＝銷售收入－銷售成本（以銷售毛利潤為基準） 2. 銷售毛利率＝（銷售收入－銷售成本）÷銷售收入×100%
權重說明	1. 權重體現考核指標的重要程度 2. 企業根據考核對象的職位、工作內容設置考核指標的權重
核算說明	1. 考核滿分一般設定為 100 分，達到目標值該項得滿分 2. 未達到目標值，該項得分＝該項滿分×（實際分值÷目標值） 3. 某考核指標低於＿＿＿，該項不得分（根據需要設計）
考核結果說明	1. 考核結果一般分為 5 個等級，分別為特優、優、良好、一般、不及格； 2. 人力資源部依據考核結果，對被考核人實施獎懲。 (1)獲得特優和優者給予年度實際完成銷售毛利潤額 1%的銷售獎勵獎勵；獲得良好和一般者，給予年度實際完成銷售毛利潤 0.5%銷售獎勵獎勵； (2)連續兩年考核獲得特優者，給予晉升或漲薪；連續兩年考核獲得優和良好者，根據公司規定增加其底薪和銷售獎勵比例；連續兩年考核獲得一般者，給予警告；連續兩年考核不及格者，給予降薪或辭退

三、銷售費用的量化考核方案

表 1-6-3　銷售費用銷售獎勵量化考核方案

被考核者：_____　　職　　務：_____　　所在部門：_____

考核主體：_____　　考核週期：_____　　考核時間：_____

序號	考核內容	量化指標	權重	績效目標值	數據來源
1	銷售費用控制	銷售費用總額	___%	___萬元	銷售部
		銷售費用率	___%	___%	銷售部 財務部
2	廣告費用控制	廣告費用預算	___%	控制在預算內	廣告部 財務部
		廣告費總預算 達成率	___%	控制在___%	廣告部 財務部
		單次廣告預算 達成率	___%	控制在___%	廣告部 財務部
3	公關費控制	公關費用預算	___%	控制在預算內	公關部 財務部
		超出預算的 公關次數	___%	控制___次內	公關部 財務部
4	差旅費控制	差旅費預算 達成率	___%	控制在___%	公關部 財務部
		差旅費支付	___%	控制在預算內	公關部 財務部
5	業務招待費 控制	業務招待費用 預算	___%	控制在預算內	銷售部 財務部
		業務招待費用 達成率	___%	控制在___%	銷售部 財務部

6	促銷費控制	促銷總預算 達成率	＿＿%	控制在＿＿%	銷售部 財務部
		促銷贈品費用	＿＿%	控制在＿＿元	銷售部 財務部
		促銷培訓費控制	＿＿%	控制在＿＿元	人力資源部 財務部

指標 說明	1. 銷售費用率＝考核期內銷售費用/考核期內銷售收入×100%； 2. 預算費用達成率＝考核期內實際銷售費用支出/考核期內銷售費用預算 　　×100%；
權重 說明	1. 對於一線銷售人員的業務招待費的權重應加大； 2. 對於銷售管理人員來說，廣告費、公關費這兩項指標的權重應加大
核算 說明	1. 考核滿分一般設定為 100 分，達到目標值該項得滿分； 2. 未達到目標值，該項得分＝該項滿分×(實際分值÷目標值)； 3. 規定廣告費用支出必須控制在＿＿＿萬元以內的，如實際廣告費用支出低 　　於＿＿＿萬元，該項指標不得分
考核 結果 說明	1. 人力資源部依據考核結果，計提銷售人員的銷售獎勵； 2. 銷售獎勵＝(銷售收入－銷售費用)×公司規定的銷售獎勵比例×(考核 　　得分÷績效標準分) 　　其中，績效標準分一般為 85 分； 3. 年度考核結果作為員工調整底薪、銷售獎勵比例、職位晉升、實施培訓 　　的參考依據

四、銷售回款的量化考核方案

表 1-6-4　銷售回款銷售獎勵量化考核方案

被考核者：_____　職　　務：_____　所在部門：_____

考核主體：_____　考核週期：_____　考核時間：_____

序號	量化指標	權重	目標值	考核標準
1	銷售回款金額	15%	____萬元	1.每減少____萬元，扣___分； 2.回款額低於____萬元，該項不得分
2	回款任務完成率	25%	____%	1.每減少___%，扣___分； 2.完成率低於___%，該項不得分
3	呆壞賬率	10%	___%	1.每增加___%，扣___分； 2.呆壞賬率高於___%，該項不得分
4	平均收賬成功率	10%	___%	1.每減少___%，扣___分； 2.完成率低於___%，該項不得分
5	應收賬款逾期率	10%	___%	1.每增加___%，扣___分； 2.逾期率高於___%，該項不得分
6	應收賬款實際佔用資金比達成率	10%	___%	1.每增加___%，扣___分； 2.達成率高於___%，該項不得分
7	實際應收賬款週轉天數與應收賬款週轉警戒天數的比率	10%	___%	1.每增加___%，扣___分； 2.實際應收賬款週轉天數與應收賬款週轉警戒天數的比率高於___%，該項不得分
8	回款費用率	10%	___%	1.每增加___%，扣___分； 2.回款費用率高於___%，該項不得分

指標說明	1. 回款任務完成率＝考核期內實際回款率/考核期內計劃回款率×100% 2. 呆壞賬率＝考核期內呆壞賬金額/考核期內銷售收入×100%； 3. 平均應收賬款成功率＝考核期內回款額/考核期內應收賬款×100% 4. 應收賬款逾期率＝考核期內逾期賬款金額/考核期內應收賬款×100% 5. 應收賬款實際佔用資金比達成率＝考核期內應收賬款佔用資金比/公司規定佔用資金比×100% 其中，應收賬款佔用資金比由公司根據所管轄市場特點與銷售產品的特徵，結合以往銷售數據和銷售回款目標確定。 6. 實際應收賬款週轉天數與應收賬款週轉警戒天數的比率＝ 考核期內實際應收賬款週轉天數/考核期內應收賬款週轉警戒天數×100% 其中，應收賬款週轉警戒天數是指公司根據歷史數據及財務狀況制定的公司經營允許的最多的應收賬款週轉天數。 7. 回款費用率＝考核期內回款發生的費用/考核期內實際回款金額×100%
權重說明	1. 企業可以根據考核對象的職務、工作內容，對各項考核指標設置權重； 2. 設計權重的目的在於體現各項指標對考核對象的重要性
核算說明	1. 考核得分採取百分制形式； 2. 各項滿分＝100×各項權重，達到目標值，該項得分為滿分
考核結果說明	1. 考核結果一般分為 5 個等級，分別為特優、優、良好、一般、不及格；考核結果作為考核對象底薪、銷售獎勵和獎金的發放依據； 2. 回款額低於＿＿＿萬元時，底薪為 1000 元；連續 3 個月回款額達到＿＿＿萬元時，底薪為 1500 元；連續 3 個月回款額達到＿＿＿萬元時，底薪為 2000 元； 3. 銷售獎勵＝月回款額×銷售獎勵比例×（月考核得分/100）； 4. 季獎金＝季超額完成回款額×1%×（季考核得分/100）； 5. 年終獎金＝年度超額完成回款額×2%×（年度考核得分/100）； 6. 季優秀獎：考核結果連續 3 個月獲得特優者，獎勵 1500 元；連續 3 個月獲得優者，獎勵 1000 元；連續 3 個月獲得良好者，獎勵 500 元； 7. 年度優秀獎：考核結果連續 3 個季獲得特優者，獎勵 5000 元；連續 3 個季獲得優者，獎勵 4000 元；連續 3 個季獲得良好者，獎勵 3000 元

7 銷售獎勵的核算制度

1.規範範圍

設計銷售獎勵核算制度的目的是規範銷售獎勵核算工作,以保證銷售獎勵核算的正確性、公正性和公平性。銷售獎勵核算制度應規範的範圍如下:

(1)核算基數

核算基數指銷售額、毛利潤額、回款額、淨利潤額等,如銷售獎勵＝銷售額×銷售獎勵比例(銷售額為核算基數)。

(2)核算辦法

核算辦法指利潤銷售獎勵核算辦法、業務銷售獎勵核算辦法、成本銷售獎勵核算辦法、合約銷售獎勵核對辦法等。

(3)核算時間

依據銷售項目的特點,選擇每週、每月、每季、每年核算,或者是銷售項目完成後一次性核算。

(4)核算人員

①各銷售區域負責核算本區域的銷售獎勵;

②銷售部匯總、整理各區域提交的銷售獎勵信息

核算程序

①銷售部初步核算各銷售人員的銷售獎勵;

②財務部負責核對銷售部提交的銷售獎勵信息。

2.制度涉及的問題

銷售獎勵核算制度涉及的主要內容包括核算基數的確定、核算人員和核算時間的明確、核算辦法的選擇以及核算程序的制定等。如果上述內容制定得不合理、不完善、不清晰，容易導致相應的問題，具體問題如下：

(1)核算基數問題

核算基數不明確、模糊，容易產生歧義，引起銷售獎勵糾紛。

(2)核算辦法問題

銷售獎勵核算辦法不合理、不科學，會給企業造成損失。

(3)核算程序問題

銷售獎勵核算程序不規範、核算人員不明確，容易出現紕漏。

(4)核算時間問題

未明確規定銷售獎勵核算時間，容易與離職員工產生勞動爭議。

心得欄 ------------------------------

----

8 銷售獎勵比例設計

　　銷售獎勵比例設計是銷售獎勵設計的重要組成部份，設計銷售獎勵比例時需考慮下列因素，如下：

　　銷售底薪、銷售人員的職級、產品特性、行業慣例、市場開發程度、產品的需求程度、銷售季節、企業產品的品質、銷售難易程度、銷售費用、銷售人員的業績、企業所處的發展階段、企業的發展戰備、銷售戰略的側重點、不同區域的開發程度、企業的發展現狀。

1. 按業務量設計

　　按業務量進行銷售獎勵計算設計，即將產品的銷售總金額或產品的銷售總數量作為銷售獎勵計算的依據。超市導購員、商場銷售員等的銷售獎勵計算多採取此方法。以銷售總金額為例，具體銷售獎勵計算設計如表 1-8-1 所示。

表 1-8-1　按業務量進行銷售獎勵計算設計表

銷售額 （萬元）	銷售獎勵 比例	舉例說明		
		實際銷售額 （萬元）	銷售任務量 （萬元）	銷售獎勵計算（萬元）
100 以上	7%	120	100	（實際銷售額－100）×7%＋100×5%＝（120－100）×7%＋100×5%＝6.4
85～ 100（含）	5%	90	100	實際銷售額×5% ＝90×5%＝4.5
85（含） 以內	4%	70	100	實際銷售額×4% ＝70×4%＝2.8
說明	1. 主要是依據已經完成的銷售行為，不考慮銷售款項是否已經收回。 2. 銷售獎勵計算公式： 當實際銷售額＞100 萬元時，銷售獎勵＝（實際銷售額－100）×7%＋100×5%； 當實際銷售額≤100 萬元時，銷售獎勵＝實際銷售額×對應的銷售獎勵比例； 其中，銷售額＝產品銷售量×產品單價			

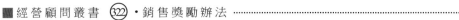

2.按合約量設計

按合約量進行銷售獎勵計算設計，即將合約簽約總金額或簽約銷售量作為銷售獎勵計算的依據，以簽約產品銷售量為例，具體銷售獎勵計算如表 1-8-2 所示。

表 1-8-2　按合約量進行銷售獎勵計算設計表

合約量設計基準(噸)	銷售獎勵比例設計	舉例說明	
		簽約銷售量(噸)	銷售獎勵計算(元)
200 以上	180 元/噸	230	(簽約銷售量－200)×180＋200×150＝(230－200)×180＋200×150＝35400
150～200(含)	150 元/噸	180	簽約銷售量×150＝180×150＝27000
150(含)以內	100 元/噸	120	簽約銷售量×100＝120×100＝12000
說明	1. 主要依據所簽訂合約上的數據進行銷售獎勵設計，不考慮銷售行為是否完成以及合約款項是否到賬的問題。 2. 銷售獎勵計算公式： 當簽約銷售量＞200 噸時，銷售獎勵＝(簽約銷售量－200)×180＋200×150； 當簽約銷售量≤200 噸時，銷售獎勵＝簽約銷售量×對應的銷售獎勵比例 3. 易發生銷售人員領走銷售獎勵，但貨款無法收回的風險，適合信用度高的企業。		

3.按回款量設計

按回款量進行銷售獎勵計算設計，即將回款金額作為銷售獎勵計算的依據，這裏的回款金額是指已經劃撥到企業資金帳戶上的銷售款項。客戶信用度低的企業多採取此種銷售獎勵設計方式，具體如表 1-8-3 所示。

表 1-8-3　按回款量進行銷售獎勵計算設計表

銷售獎勵依據	回款額（萬元）	銷售獎勵比例設計	舉例說明	
			已回款的金額（萬元）	銷售獎勵計算（萬元）
總回款額	1000 以上	1.6%	1300	銷售獎勵 = 1300 × 1.6% = 20.8
	800～1000（含）	1.3%	900	銷售獎勵 = 900 × 1.3% = 11.7
	800（含）以內	1%	750	銷售獎勵 = 750 × 1% = 7.5
	說明： 1. 銷售獎勵計算公式：銷售獎勵 = 回款總金額 × 對應的銷售獎勵比例； 2. 款項全部收回後，根據總回款金額所屬的檔次計算銷售獎勵金額。			
分次回款額	600 以上	1.4%	假設分 3 次回款，第 1 次回款 700；第 2 次回款 400；第 3 次回款 200	銷售獎勵 = 700 × 1.4% + 400 × 1.1% + 200 × 0.9% = 16
	300～600（含）	1.1%		
	300（含）以內	0.9%		
	說明： 1. 銷售獎勵計算公式：銷售獎勵 = ∑（分次回款金額 × 對應的銷售獎勵比例）。 2. 適用於款項還未全部收回的情況。 3. 按本次收回回款的金額所屬的檔次計算銷售獎勵金額。 4. 不同的回款金額對應的銷售獎勵比例不同，回款額或利潤量越高，銷售獎勵比例越高，以鼓勵銷售人員督促客戶增大單次回款量			

4.按照價格設計

按照價格計算銷售獎勵,即根據產品售價的不同設計不同的銷售獎勵比例。該設計方式主要是鼓勵銷售人員以盡可能高的價格銷售商品,可以採用以下兩種不同的方式進行銷售獎勵。

(1)根據售價與企業定價的差額進行銷售獎勵

根據售價與企業定價的差額進行銷售獎勵又可分為以下兩種方式。

①將差額部份作為銷售人員的銷售獎勵

例如,某企業對產品 A 設定最低售價為 300 元/件,但實際售價為 350 元/件,則該銷售人員可拿的銷售獎勵為 50 元/件。

②將差額部份依據一定的比例作為銷售人員的銷售獎勵

將差額部份依據一定的比例作為銷售人員的銷售獎勵,具體如表 1-8-4 所示。

表 1-8-4 按差額部份比例進行銷售獎勵計算示例表

銷售獎勵依據	售價差額(元)	銷售獎勵比例	舉例說明		
			企業設定最低售價(元/件)	實際售價(元/件)	銷售獎勵(元)
售價差額	500 以上	50%	500	600	(600-500)×40%=40
	200~500(含)	45%			
	200(含)以內	40%			
說明	銷售獎勵=差額×對應的銷售獎勵比例				

⑵根據售價進行銷售獎勵

根據售價進行銷售獎勵，具體內容如表 1-8-5 所示。

表 1-8-5 按售價進行銷售獎勵計算示例表

銷售獎勵依據	銷售折扣	銷售獎勵比例	舉例說明		
			標價(元/件)	實際售價(元/件)	銷售獎勵額(元)
實際售價	9.5(含)折以上	3%	3000	2400	2400×2.5%＝60
	8.5(含)〜9.5折	2.8%			
	8.5折以下	2.5%			
說明	銷售獎勵＝實際售價×對應的銷售獎勵比例				

5.按照項目設計

項目既可以按照實施時間劃分為長期項目、中期項目和短期項目，也可以按照不同的項目類型劃分為橋樑建設項目、房屋建設項目等。按照項目進行銷售獎勵設計既可以依據項目總額也可以依據項目回款量、項目利潤率等進行設計。

依據項目總額和項目回款量設置銷售獎勵，可以參照前面按業務量和按回款量計算的公式。這裏僅以項目利潤率為例進行銷售獎勵設計，具體如表 1-8-6 所示。

表 1-8-6　按照項目進行銷售獎勵計算設計表

項目利潤率	銷售獎勵比例	舉例說明	
		實際所獲利潤率	銷售獎勵計算（萬元）
40%以上	5%	50%	銷售獎勵＝項目金額×5%
20%～40%(含)	2%	25%	銷售獎勵＝項目金額×2%
10%～20%(含)	1.5%	18%	銷售獎勵＝項目金額×1.5%
10%(含)以內	1%	7%	銷售獎勵＝項目金額×1%
說明	1.計算公式：銷售獎勵＝項目金額×對應的比例 2.項目利潤一般難以考證，其利潤基準和實際所獲利潤率大多是一個預估值，一般依據項目所屬類型的通行慣例進行銷售獎勵。		

6.按照團隊設計

　　按照團隊計算銷售獎勵，即以團隊為單位，按照團隊完成的銷售任務量作為銷售獎勵計算設計的依據。這裏的團隊是指穩定的銷售團隊，而非臨時組建的團體。具體計算設計如表 1-8-7 所示。

表 1-8-7　按照團隊進行銷售獎勵計算設計表

銷售獎勵依據	計算公式	設計說明
團隊總銷售額	銷售獎勵＝團隊銷售額×對應銷售獎勵比例	具體計算設計參照表 2-7
團隊銷售利潤	銷售獎勵＝團隊獲得銷售利潤×對應銷售獎勵比例	一般按毛利計算，用於產品利潤相對透明的行業，如超市
團隊銷售回款量	銷售獎勵＝團隊銷售回款量×對應銷售獎勵比例	具體計算設計參照表 2-9

7. 按照小組設計

　　按照小組計算銷售獎勵，即以小組為單位，按照小組完成的銷售額作為銷售獎勵計算設計的依據。這裏的小組主要是指為完成某項任務而跨部門、跨區域組建的臨時小組。

　　按照小組計算銷售獎勵，可以先參照表 1-8-7 按照團隊進行銷售獎勵設計的計算公式計算整個小組獲得的銷售利潤，再依據各小組成員的銷售獎勵係數計算出每個人的銷售獎勵。小組成員的銷售獎勵計算公式如表 1-8-8 所示。

表 1-8-8　小組成員銷售獎勵計算公式表

銷售獎勵 分配方式	銷售獎勵計算
平均分配	1. 小組組長按企業規定的比例提取銷售獎勵，剩餘部份由組員平分，計算公式如下： 組長的銷售獎勵＝小組銷售獎勵總額×組長的銷售獎勵比例 各組員的銷售獎勵＝小組銷售獎勵總額×（1－組長的銷售獎勵比例）/組員個數 2. 舉例說明：某小組有 4 人，組長 1 名，組員 3 名，小組銷售獎勵總額為 3 萬元，其中企業規定組長領取小組銷售獎勵總額的 30%，剩餘部份由組員平分，則組長和各組員銷售獎勵計算公式如下： 組長的銷售獎勵＝3 萬元×30%＝0.9 萬元 各組員的銷售獎勵＝3 萬元×（1－30%)/3＝0.7 萬元
按比例分配	1. 小組成員銷售獎勵計算公式如下： 小組成員的銷售獎勵＝小組銷售獎勵總額/所有小組成員銷售獎勵係數總和×該小組成員的銷售獎勵係數 2. 舉例說明：某小組有 3 人，組長 1 名，組員 2 名甲和乙，小組銷售獎勵總額為 2 萬元，其中組長的銷售獎勵係數為 2.3，組員的銷售獎勵係數分別為 1.2、0.8，則組長和組員銷售獎勵計算公式如下： 組長的銷售獎勵＝2 萬元/（2.3＋1.2＋0.8）×2.3 　　　　　　　＝1.07 萬元 組員甲的銷售獎勵＝2 萬元/（2.3＋1.2＋0.8）×1.2 　　　　　　　　＝0.56 萬元 組員乙的銷售獎勵＝2 萬元/（2.3＋1.2＋0.8）×0.8 　　　　　　　　＝0.37 萬元
銷售獎勵 設計說明	1. 銷售獎勵係數是企業根據各小組成員的工作任務、工作特點及企業實際情況制定的。 2. 為便於說明特作如下設定：小組組員不包括小組組長在內，小組成員包括小組組長在內

9 銷售獎勵兌現時間的設計

1. 兌現風險的防範

根據不同的銷售獎勵兌現依據進行銷售獎勵兌現設計會帶來不同的風險，為了實現企業目標，完成企業任務，需要採取有效的防範措施，具體如表 1-9-1 所示。

表 1-9-1　銷售獎勵兌現風險防範表

風險分類	產生的風險	防範措施
按合約兌現銷售獎勵的風險	1. 銷售人員為獲得高銷售獎勵而簽訂虛假合約； 2. 出現毀約狀況； 3. 無法按合約約定收回貨款	1. 按照合約回款額計算銷售獎勵； 2. 加強對銷售人員的監督管理，對弄虛作假行為予以嚴懲
按銷售額兌現銷售獎勵的風險	1. 可能導致高銷售費用； 2. 銷售人員為提高銷售額而採取損害企業的行為，如竄貨等	1. 設定銷售費用預算； 2. 加強對銷售人員的控制
按利潤兌現銷售獎勵的風險	易出現企業和銷售人員對利潤額的核算存在爭議問題	在企業銷售獎勵管理制度中明確利潤的核算方式,確定是毛利潤額還是淨利潤額

2.兌現時間設計

銷售獎勵兌現時間設計如表 1-9-2 所示。

表 1-9-2　銷售獎勵兌現時間設計表

劃分依據	設計說明	適用條件
按照自然時間	主要是為了便於計算，可以一個月、三個月、半年、一年兌現一次	適用於銷售週期不長、回款迅速的產品，例如瓷磚、傢俱等
項目回款時間	1. 可以依據全部回款到賬時間，也可以依據分次回款的到賬時間； 2. 可以在項目回款的當月或次月兌現	適用於客戶信用度低或回款週期長的產品，例如工程項目銷售
即時銷售獎勵	即當天或當時	主要針對臨時促銷員、導購員等臨時工
合約簽訂日期	在合約簽訂日期當日或當月、次月兌現銷售獎勵	1. 主要適用於客戶信用度高的企業； 2. 用以支付銷售信息提供者的銷售獎勵

3.離職後銷售獎勵問題

銷售獎勵是對銷售人員付出的回報，是工資的組成部份，且屬於工資總額中的計件工資。對於銷售人員的銷售獎勵結算，各地的仲裁委員會和法院對以下兩種情況採取相同的處理方式，具體如表 1-9-3 所示。

表 1-9-3　銷售獎勵結算處理方式

情況	處理方式
銷售人員在與企業發生聘用關係期間所簽訂的業務，且在銷售人員離職時已經到賬。	按約定支付銷售獎勵
銷售人員開發的客戶在銷售人員與企業聘用關係結束後與企業簽訂的業務不屬於銷售人員的業務	不需要支付銷售獎勵

　　但對離職時尚未到賬的銷售獎勵的結算處理方式，不同的仲裁委員會和法院處理方式各不相同，具體處理方式如下所示。

方式 1：按協議執行

　　依據合約約定或企業規章制度規定的時間及方式發放。即離職時如果有約定的，只能等銷售貨款到賬或者達到銷售獎勵條件時才能予以結算銷售獎勵。如果沒有約定，不支持銷售人員要求支付銷售獎勵的主張。

方式 2：離職前付清

　　部份仲裁委員會和法院依據相關規定，以及從維護公平正義和保護的角度出發，認為銷售人員離職時企業要支付全部的銷售獎勵，不能以回款未到賬為由而拖欠甚至克扣銷售獎勵。

10 銷售獎勵辦法的設計偏失

一、銷售獎勵設計的原則

一項行之有效的銷售獎勵設計需要遵循以下七大原則,具體如下所示。

1.公平性

⑴企業同職級銷售人員的銷售獎勵設計一致;

⑵過去、現在、將來獲得的銷售獎勵成正比;

⑶同行業、同區域、同規模的不同企業銷售獎勵設計一致。

2.補償性

保證能夠補償低底薪所導致的員工必要的衣食住行、學習等費用的不足。

3.經濟性

⑴能夠使企業在銷售成本最低的前提下,獲得最大銷售利潤;

⑵保證留存企業的資金能確保企業的可持續發展。

4.激勵性

⑴各職級之間銷售獎勵設計在合理的基礎上適當拉開差距;

⑵不同業績額度之間銷售獎勵設計應適當拉開差距。

5.合法性

符合國家現行的政策、法律,如國家的最低工資標準、銷售人

員銷售獎勵比例的相關規定。

6.戰略導向性

有助於企業發展戰略的實現，能較好地體現企業銷售戰略的發展要求。

7.外部競爭性

⑴對銷售人才具有吸引力；

⑵銷售獎勵設計在本行業具有競爭力。

二、銷售獎勵設計的偏失

銷售獎勵設計要避免陷入以下五大偏失。

1.不考慮戰略

即不考慮企業戰略導向進行銷售獎勵的設計。企業戰略代表企業的發展方向，銷售獎勵設計要能體現戰略導向。

2.一刀切，不考慮差異

隨著市場化發展和產品的多樣化，以及渠道的混合型發展趨勢，對於銷售獎勵的設計需要考慮不同產品、不同渠道、不同地域之間的差異，合理設置銷售獎勵。

3.不考慮費用

銷售費用包括運輸費、廣告費、促銷費、保險費、委託代銷手續費、展覽費、銷售服務費、銷售部門人員工資、差旅費、辦公費、修理費、物料消耗費等企業進行產品銷售所產生的費用。

銷售費用對銷售量的影響是巨大的，企業在進行銷售獎勵設計時應考慮銷售費用，尤其是廣告費、促銷費對銷售業績的影響。

4.表達不明確

例如,月銷售額達到 10 萬元,銷售獎勵比例為 5%～7%。

以上銷售獎勵設計就屬於不明確的表達,表達不明確的銷售獎勵設計會在績效考核中出現計算不清、考核不明等問題。以上銷售獎勵設計可以修改如下。

⑴月銷售額在 10 萬～12 萬(含)元範圍內,銷售獎勵比例為月銷售額的 5%。

⑵月銷售額在 12 萬～15 萬(含)元範圍內,銷售獎勵比例為月銷售額的 7%。

5.絕對對比

絕對對比是指在進行銷售指標對比時,單一地考慮該銷售指標,而不考慮其他因素的影響,如在比較銷售業績時,不考慮銷售費用和銷售區域等的影響。

心得欄 _____

_____

_____

_____

_____

_____

11 銷售獎勵辦法的修改

一、銷售獎勵比例修改

1. 銷售獎勵比例修改原因

銷售獎勵比例修改是指隨著市場環境的變化以及企業內部戰略調整，企業提高或降低現有銷售獎勵比例。企業銷售獎勵比例修改的原因如外部市場環境的變化、新產品向成熟產品轉換、提供激勵性銷售獎勵比例，防止員工跳槽等。

2. 銷售獎勵比例修改內容

銷售獎勵比例修改內容可以概括為 5W1H，具體如下所示。

· Where 那些銷售區域的銷售獎勵比例需要進行修改
· When 修改後的銷售獎勵比例何時生效
· Who 那些銷售人員的銷售獎勵比例需要進行修改
· What 那些銷售產品的銷售獎勵比例需要進行修改
· Why 為什麼修改這些銷售獎勵比例
· How 如何修改這些銷售獎勵比例，下降還是上調

二、銷售獎勵發放修改

　　銷售獎勵發放修改的主要原因是銷售獎勵設計的變化，例如銷售獎勵週期從年度變為季，銷售獎勵發放時間應相應進行修改。具體的修改原因及內容如下所示。

1.銷售獎勵發放修改原因
　·企業薪資發放時間變化
　·銷售獎勵體系變化

2.銷售獎勵發放修改內容
　·銷售獎勵發放時間變化(縮短不是延長)
　·銷售獎勵發放額度變化

三、銷售獎勵制度修改

1.銷售獎勵制度修改內容
　　銷售獎勵制度修改是指因企業內部需要或市場環境變化對企業現有銷售獎勵制度進行重新修改，具體修改內容包括：銷售獎勵體系修改、銷售獎勵核算修改、銷售獎勵申報修改、銷售獎勵發放修改等。

2.銷售獎勵制度修改程序
　　銷售獎勵制度修改程序是指銷售獎勵制度修改必須經過的審核審批過程，具體程序如下。
　⑴各銷售機構因市場環境以及內部調整，需要進行銷售獎勵制

度修改時，向人力資源部提交銷售獎勵制度修改申請。

⑵經調查確實需要進行修改對，人力資源部提出銷售獎勵制度修改建議方案，提交公司董事會評核。

⑶公司董事會對銷售獎勵制度修改建議方案進行討論，最終確定是否進行修改。

⑷經董事會審核批准後，各銷售機構嚴格執行修改後的銷售獎勵制度。

四、銷售獎勵管理流程

銷售獎勵管理流程是指企業規定銷售獎勵管理工作的程序，各項具體工作事項如表 1-11-1 所示。

心得欄 _____

表 1-11-1 銷售獎勵管理流程工作事項匯總表

流程	工作事項
制定銷售獎勵管理制度	銷售部和人力資源部共同制定銷售獎勵管理制度,明確銷售獎勵比例和核算辦法,提交總經理審核批准後執行
核算、匯總銷售業績	1. 銷售人員對自己的銷售數據進行統計,主要是針對已經完成回款的銷售資料的統計 2. 各銷售機構負責人負責匯總、統計本部門銷售業績
申報銷售獎勵	1. 銷售機構負責人根據統計的銷售業績和銷售獎勵比例計算銷售獎勵額度,填寫「銷售獎勵申請表」 2. 銷售機構負責人將「銷售獎勵申請表」報銷售總監審批,審批未通過的「銷售獎勵申請表」由銷售人員核對數據與銷售獎勵比例進行修改
財務部進行核對	財務部按照相關數據對審批通過後的「銷售獎勵申請表」進行核對,財務部在核對中如出現異議,與銷售部門進行協商並修改
審核審批	1. 財務部將審批通過的「銷售獎勵申請表」報財務總監審批,審批未通過的「銷售獎勵申請表」由財務部和銷售部進行修改 2. 財務總監審批通過的「銷售獎勵申請表」報公司總經理審批 3. 總經理審批通過的「銷售獎勵申請表」交由財務部負責具體的結算工作
發放銷售獎勵	財務部在公司規定時間發放銷售獎勵
調整銷售獎勵比例	由於市場外部環境的變化以及公司內部戰略的調整,公司會相應調整銷售比例,並以書面形式通知銷售人員,避免產生銷售獎勵爭議

12 銷售獎勵辦法的定量績效指標

一、定量銷售指標

　　定量銷售指標是銷售管理中最常用到的一大類銷售指標，主要是因為這些指標可以簡便地進行計算與控制。

1. 銷售量或銷售額指標

　　銷售量或銷售額是最常用的一類定量銷售指標，也是最基本和最基礎的一類銷售指標。銷售量與銷售額密切相關，可以相互推算得到，常把二者合二為一來對待。

　　銷售量或銷售額指標最為直觀，一目了然。絕大多數企業在設定銷售指標時都會用到銷售量或銷售額指標。相對而言，銷售量或銷售額指標簡明易懂，方便計算。對銷售人員來說，每個銷售人員都必須在指定期限內完成一定量的銷售量或銷售額指標，這樣才能保證其銷售成本(如工資等)的支出。

　　不過，銷售量或銷售額的計算在實際操作中還是存在一些不足，或者說在實際操作中還存在一些困惑。例如，銷售量或銷售額是根據訂單來計算還是根據發貨量來計算？近幾年網路企業、上市企業虛增績效的重點就在於計算銷售額的時間考慮上。再如，銷售量或銷售額計算會牽扯到銷售區域、客戶、銷售時間跨度、(多種)產品，那麼計算時是計算總量還是分門別類進行計算呢？

為了完成銷售量或銷售額指標，大部份銷售人員會選擇向現有客戶銷售現有產品，畢竟現有產品在市場上存在一定基礎，現有客戶對現有產品有一定的理解，而客戶接受新產品需要一個過程，這樣對新產品的銷售、新客戶的發掘都沒有什麼好處，既不利於企業拓寬客戶來源，也不利於企業的產品組合。如果企業過分關注銷售量或銷售額指標，簡單講就是比較近視，會影響銷售人員對一些暫時無利但長期有利的銷售活動的關注程度和努力程度。

2.銷售費用率指標

提升銷售績效的主要手段就是擴大銷售和降低成本，但這兩個目標並不能完全統一。一個是開源，一個是節流，企業大都想魚和熊掌兩者兼得，但往往是不太可能，可望而不可及。想擴大銷售，相應必然會增加成本。正是出於這種考慮，銷售費用率指標就是在這兩個指標中取得一種平衡，即可以允許企業以較高的銷售費用來收穫更高的銷售量或銷售額。

有些企業非常關注銷售費用水準，想方設法壓縮銷售費用，有時甚至嚴格到無以復加的地步。殊不知銷售費用是支持銷售量或銷售額實現的前提，沒有足夠的銷售費用，就談不上銷售量。不過，在保證支持銷售活動的前提下，壓縮銷售費用就是提升利潤。企業可行的做法不只是僅僅去想法壓縮銷售費用，還應該考慮如何提高銷售費用的利用水準，這是更為現實的做法，花一塊錢辦出兩塊錢的事，儘量提高銷售費用的利用效率水準。

3.毛利潤指標

毛利潤指標是用贏利能力衡量銷售績效的一類指標，企業可以根據產品類別或客戶類別來計算毛利潤。不過，毛利潤指標的計算

需要足夠的基礎數據支援，需要銷售人員定期提供詳細的各類數據，還需要考慮銷售折扣與折讓、退貨等對毛利潤指標的影響。毛利潤指標對應的是某個銷售時間跨度，當企業有新產品上市或開拓了新客戶之時，毛利潤指標的變化會較大。

4.市場佔有率指標

市場佔有率指標是反映競爭能力大小和贏利能力大小的一個重要指標。對許多產品來說，特別是對成熟的快速流轉品(如啤酒、飲料等)來說，銷售區域內的市場容量是相對穩定的，或者變化是可以推斷的，根據歷史數據或相關數據就可推算獲得，這樣，市場佔有率指標就相對比較容易設定。

當然，市場佔有率的計算有多種方法，有按銷售量計算的，有按銷售額計算的，其結果會大相徑庭。

5.客戶訪問次數指標和客戶訪問頻率指標

對於面向渠道客戶的銷售而言，客戶訪問次數和客戶訪問頻率很大程度上就代表了銷售人員的努力程度，也可從側面保證銷售績效的實現，上門推銷也是如此。在現實中，許多銷售人員(自發或者是企業要求)都制定了(月或週)客戶訪問計劃，這樣，銷售經理就可以把本企業的客戶訪問次數與行業平均水準進行比較。如果低於行業平均水準，銷售經理就應該督促銷售人員提高訪問次數；如果不低於行業平均水準，就需要進一步分析平均每次訪問的銷售效率。

6.平均訂單規模指標

平均訂單規模指標旨在提高平均訂單水準，推動銷售人員關注大客戶，而減少在小客戶或贏利能力差客戶上的銷售努力。不過，

小客戶也會成長為大客戶，銷售人員還應具備長遠的眼光。

　　對於 B to C 盈利模式的網路企業來說，一是吸引足夠的眼球，二是提高平均訂單規模，特別是後者，更能反映該網路企業未來的盈利前景。例如，某網站在 2002 年平均訂單規模為 150 元左右，由此可以推斷其消費群的購買能力較強，但由此推斷網上購物群體的購買能力較強則顯得比較勉強。

二、定性銷售指標

　　定量銷售指標與定性銷售指標的最大區別，在於前者便於考察，一味地追求管理的定量化並不代表追求的就是管理的科學化。在有人參與的管理活動中，定量銷售指標往往反映的是結果，而定性指標往往反映的是過程或態度，管理需要兩者兼顧。

　　定性銷售指標主要考察的是銷售人員的能力指標，通常包括以下內容：

　　⑴服務現有客戶；

　　⑵識別和發現潛在客戶；

　　⑶向客戶提供技術建議；

　　⑷培訓渠道客戶的銷售人員；

　　⑸向客戶提供產品更新換代等相關信息；

　　⑹協助中間商維持安全庫存；

　　⑺在渠道客戶處爭取最大的陳列面積和最佳的陳列位置；

　　⑻收集市場信息和競爭情報等。

　　當然，不同企業對定性銷售指標的關注程度會有所不同，有時

銷售經理還會關注以下定性銷售指標：

　　⑴銷售態度；

　　⑵銷售人員對產品知識和企業知識的把握；

　　⑶銷售人員的銷售技巧；

　　⑷銷售人員對客戶知識的掌握；

　　⑸銷售人員對市場狀況和競爭對手情況的瞭解；

　　⑹銷售彙報的規範性等。

13 制定出銷售獎勵辦法的銷售定額

　　最常見的銷售定額包括銷售額、毛利潤和淨利潤、費用、活動以及上述四項定額之間的結合。

1. 銷售額定額

　　絕大多數企業為銷售人員制定銷售額定額。銷售額定額包括一定時期內的銷售金額目標和銷售產品數量目標。例如，通用‧米爾斯公司採用了銷售金額目標，而福特汽車公司則是採用了以汽車和卡車的銷售數量為基礎的銷售定額。對於一些產品種類相對較少但單位產品價格較高的企業來說，例如出售汽車、家電產品、電子產品和汽車的企業，大多數會採用以銷售數量而不是銷售額作為銷售定額。

　　企業首先需要制定全年的總銷售額定額，然後根據這個年度的

總銷售額定額制定短期定額,例如 6 個月、3 個月、2 個月以及 1 個月的銷售定額。

當銷售人員瞭解了自己的年度銷售目標,以及全年需要銷售多少單位的產品才能實現這個總銷售目標之後,就需要把這個總的銷售目標分解為若干具體的目標。為了完成這項工作,他們需要回答以下問題:我們應該向那些客戶出售產品?這些客戶分佈在那些地區?應該出售那些產品?那些產品的銷售情況可能會好一些?這些銷售可能會集中在那一段時間?

通過對這些問題的回答,銷售人員就可以針對以下項目建立具體的銷售額定額:

⑴產品大類。

⑵個別產品,包括原有產品和新產品。

⑶根據銷售組織的設計情況確定的地理區域,具體可能包括:銷售部門;銷售大區;銷售地區;個別銷售區域。

企業可能常常會針對銷售預測所涉及的每一個項目制定相應的銷售定額。在制定出這些定額之後,就可以把它們作為重要的銷售目標,同時也用於工作績效考核。表 1-13-1 說明了一名銷售經理制定的整個地區銷售額定額。通過表 1-13-1 可以看出,由於銷售人員的工作不力,導致這個地區沒有完成本年度的銷售額定額。在 4 名銷售人員中,有 3 個人完成了銷售定額。

表 1-13-1　中西部銷售地區的可比全年銷售額

單位：千美元

銷售人員	銷售額定額	實際銷售額	銷售額定額與實際銷售額之間的差額	績效指數[①]
A	5696	5792	96	101.7
B	5584	4842	-742	86.7
C	6012	6046	34	100.6
D	4310	4334	24	100.6
合計	21602	21014	-588	97.4[②]

註：①績效指數＝實際銷售額/銷售額定額×100。

　　②績效指數的平均值。

2.利潤定額

　　與銷售額定額一樣，利潤定額同樣也是一個非常重要的項目。企業常常要求銷售經理必須創造能夠帶來利潤的銷售額，因此，在制定銷售額定額的同時，企業也會為銷售人員、銷售地區甚至是不同的產品和客戶制定相應的利潤定額。對於企業來說，利潤是它們生存的前提。

　　企業可以採用毛利潤和淨利潤作為利潤定額。毛利潤定額是銷售額與產品銷售成本之間的差額。企業的製造部門可以提供產品銷售成本的信息。產品銷售成本說明了生產這種產品所支出的費用。

　　有些企業在毛利潤的基礎上制定出更詳細的淨利潤銷售定額。淨利潤定額是銷售額減去產品銷售成本和銷售人員直接銷售費用後的餘額。這種方法的具體計算過程參見表 1-13-2。在這家企

業中,平均產品銷售成本為銷售額的80%。銷售人員埃瑞克的銷售
總額為5792000美元,相應的產品製造成本為4633600美元,也
就是說,他的銷售毛利潤為1158400美元。埃瑞克的個人工資收入
為45600美元。他的交通、住宿、招待和一般行政費用為22400
美元,扣除這些費用後,他所在銷售區域的淨利潤為1090400美
元。這個企業以銷售額的淨利潤率作為衡量利潤的定額。埃瑞克的
銷售額淨利潤率為18.8%,高於這個銷售區域的大多數銷售人員。
對於主管人員來說,18.5%的比例是一個可以接受的結果。這樣,
經理就會要求銷售人員比爾盡可能減少個人的費用支出,因為只有
這樣才能保證他的銷售額淨利潤率達到18%。

表1-13-2　中西部銷售地區的簡要可比利潤表

單位:美元

指標＼銷售人員	A	B	C	D
銷售額	5792000	4842000	6046000	4334000
產品銷售成本	4633600	3873600	4836800	3467200
利潤及銷售費用	1158400	968400	1209200	866800
工資	45600	43200	40800	38400
其他費用	22400	28800	23200	49600
費用合計	68000	72000	64000	88000
淨利潤	1090400	896400	1145200	778800
銷售額/淨利潤比(%)	18.8	18.5	18.9	18.0

　　利潤定額的缺點在於銷售人員在一般情況下沒有權利決定價格，而且他們也無法控制製造成本，因此，他們不應該對毛利潤負責。在使用淨利潤定額的時候還會帶來另外一個問題，為了完成銷售額淨利潤定額，銷售人員可能會採取削減銷售費用的方法，而銷售費用的減少可能會對銷售額帶來消極的影響。對於銷售人員鄧尼斯來說，就有可能發生這種情況。因此，他應該在現有客戶和潛在客戶身上支付更多的招待費，這可能會有助於增加他的銷售額。為了確保銷售利潤的實現，銷售經理必須經常監督銷售費用的支出情況，既不應該超支，也不能一味地縮減。

3.費用定額

　　銷售經營企業需要支出巨大的費用。交通、娛樂、餐飲和支付的成本變得越來越高。為了控制銷售單位的成本水準，許多企業制定了費用定額。這些費用通常與銷售額和銷售人員的薪酬計劃相關。

　　企業可以根據銷售區域的銷售額，按一定比例為每一名銷售人員制定相應的費用預算。每一名銷售人員都必須像對待自己的銀行存款那樣對費用支出進行精心的管理。還有一些企業為銷售人員住宿、餐飲和娛樂等項目制定費用上限，全部報銷銷售人員的交通和辦公費用。通過這種方式，企業希望銷售人員不至於過分限制費用支出，從而對銷售額帶來不利影響。

14 輔助銷售獎勵的設計原因

一、要考慮的因素

產品或服務銷售業績節節攀升取決於兩大因素,即好的產品或服務和好的銷售團隊。

由於銷售團隊並不直接參與產品或服務的設計、售後服務等過程,因此,除了針對銷售團隊進行銷售獎勵外,有必要對參與產品或服務設計、售後服務的人員或行為進行鼓勵,促使其不斷保持產品或服務的品質和市場的競爭力,協助實現產品銷售。

產品或服務銷售業績節節攀升取決於兩大因素,即好的產品或服務和好的銷售團隊。銷售團隊並不直接參與產品或服務的設計、售後服務等過程,因此,除了針對銷售團隊進行銷售獎勵外,有必要對參與產品或服務設計、售後服務的人員或行為進行鼓勵,促使其不斷保持產品或服務的品質和市場的競爭力,協助實現產品銷售。

企業在以下四種情況下可考慮設計輔助銷售獎勵:

⑴企業產品市場成熟,產品的好壞成為決定成交的關鍵因素。在該種情況下,可給予產品設計、研發人員銷售獎勵,如企業管理軟體銷售。

⑵企業產品新進入某區域市場,為了迅速打開市場,需要有迅

速、全面、有效的客戶信息。在該種情況下，可給予信息提供者銷售獎勵。

⑶企業產品售後服務的好壞成為體現產品競爭力的重要因素。在這種情況下，可給予售後服務人員銷售獎勵，如家用電器的銷售。

⑷企業產品銷售渠道不完善，需要借助第三方的渠道進行銷售。在該種情況下可給予第三方銷售獎勵，如網路產品的合作銷售。

表 1-14-1　售後服務銷售獎勵方案設計需要考慮的因素

因素	說明
售後服務對銷售貢獻的大小	不同的行業、不同的產品對售後服務的要求存在差異，如家電售後服務、設備的售後服務等日益成為影響企業產品銷售量的關鍵因素，並成為企業產品競爭力強弱的重要標準。
各售後服務崗位銷售獎勵指標和形式	售後服務中的接待崗位、維修崗位、技術崗位、投訴處理崗位等都是企業行銷的重要組成部份，其工作內容差別較大，應根據各自的工作內容設置各自的銷售獎勵的指標和形式。
售後服務工作過程和品質的可衡量性	對於無法衡量或難以衡量的工作，應通過定性描述、等級劃分等方式使工作過程和工作結果變得可衡量。
設定銷售獎勵發放的限制條件	單純依據工作結果設置的銷售獎勵辦法可能會促使售後服務人員通過犧牲企業的利益來達成工作業績，因此，企業在確定銷售獎勵措施後，為約束售後服務人員的行為，可以設置銷售獎勵不予發放或減少發放額的條件。

二、輔助銷售獎勵設計方法

1. 無條件的輔助銷售獎勵設計

即只要存在成交行為就要發放輔助銷售獎勵。

2. 有條件的輔助銷售獎勵設計

即除存在成交行為外，還必須滿足其他條件才能提取輔助銷售獎勵，其他條件可包含如下所示的四類條件。

(1)設置資格條件

設置針對某類人員的輔助銷售獎勵資格，如新進人員、管理人員等。例如：輔助銷售獎勵的發放對象為來公司工作達到一年以上的人員。

(2)設置行為條件

設置某一期限記憶體在或不存在某種行為的輔助銷售獎勵條件。例如：輔助銷售獎勵需在相關銷售款項回款後發放；未進行銷售獎勵核算表單簽名的，不得發放輔助銷售獎勵。

(3)設置數量條件

設置某一期限內銷售數量達到一定程度才有資格享受輔助銷售獎勵的條件。例如：只有當月銷售量達到＿＿台以上時，售後服務部門人員才有資格計提輔助銷售獎勵。

(4)設置銷售額/利潤條件

設置某一期限內銷售額（或利潤）達到一定程度才有資格享受輔助銷售獎勵的條件。例如：當年度銷售額達到計劃銷售額時，研發部門人員才能計提輔助銷售獎勵。

三、輔助銷售獎勵的發放形式

常見的輔助銷售獎勵的發放形式如圖 1-14-1 所示。當輔助銷售獎勵作為相關人員的工資構成部份在按月發放時，應採用現金形式。企業在制定銷售獎勵發放措施時，應注意不要違反相關法律法規的規定。

圖 1-14-1　輔助銷售獎勵的發放形式

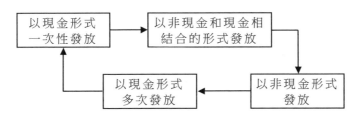

輔助銷售獎勵的發放時間同部門性質和工作性質有關，具體可參考如下所示的發放時間。

1.按日、按週發放

適用於對兼職促銷人員和導購人員輔助銷售獎勵的發放。

2.按月、按季發放

適用於對研發部門、市場部門、售後服務部門等人員的銷售獎勵發放。

3.按半年、一年發放

適用於對銷售成交頻次低的高、精、尖產品和單件成交數額高的產品輔助銷售獎勵的發放。

15 銷售獎勵發放形式

　　銷售獎勵發放制度是對企業的銷售獎勵發放工作進行規範化運作的規定，以保證銷售獎勵足額、及時發放，避免產生爭議。銷售獎勵發放制度應規範的內容如表 1-15-1 所示。

表 1-15-1　銷售獎勵發放規範的內容

規範的內容	相關說明
發放依據	①銷售獎勵依據《銷售獎勵管理制度》發放； ②發放依據主要是銷售回款率和應收賬款週轉天數。
發放形式	①一次性發放還是分次發放； ②月發放、季發放還是年度發放。
發放程序	①銷售部提出銷售獎勵發放申請，由人力資源部核算； ②財務部核對無誤後按照規定日期發放銷售獎勵。
發放時間	公司根據銷售產品的特點，參照公司內部相關制度，規定銷售獎勵發放時間。
發放標準	公司依據銷售回款率和應收賬款週轉天數，制定銷售獎勵發放標準表；財務部按照發放標準發放相應銷售獎勵。

　　銷售獎勵發放形式多種多樣，主要包括按時間和按銷售賬款回款情況兩種，具體發放形式如表 1-15-2 所示。

表 1-15-2　銷售獎勵發放形式

按時間劃分	①月發放形式； ②季發放形式； ③半年度發放形式； ④年度發放形式。
按賬款回收情況劃分	①一次性發放。銷售賬款在規定時間內全部到公司帳戶； ②在規定時間內回款率低於 80%，發放銷售獎勵的 50%；餘額到賬後發放剩餘的 50%。

心得欄 _

_ _

_ _

_ _

_ _

_ _

16 銷售獎勵的爭議管理制度

一、規範的內容

銷售獎勵管理制度是對企業的銷售獎勵管理工作進行規範化運作的規定，以保證此項工作能夠有效、有序地開展。銷售獎勵管理制度規範的內容如表 1-16-1 所示。

表 1-16-1　銷售獎勵管理制度應規範的內容

權責部門	規範內容	審核審批
人力資源部和銷售部制定銷售人員銷售獎勵標準	銷售獎勵設計	銷售總監和總經理按權限審核審批銷售獎勵標準
人力資源部和銷售部的指定人員負責核算銷售獎勵	銷售獎勵核算	人力資源部經理、銷售部經理、銷售總監負責審核
銷售部負責向銷售總監申報銷售獎勵	銷售獎勵申報	銷售總監和總經理按權限審核審批
銷售部負責按時、足額地發放銷售獎勵	銷售獎勵發放	人力資源部負責審核銷售獎勵發放金額和時間
人力資源部負責處理銷售獎勵爭議問題	爭議處理	人力資源總監和總經理按權限審核處理結果

二、銷售獎勵爭議處理制度

第 1 章　總則

第 1 條　目的

為了指導本公司銷售獎勵爭議處理工作，順利解決有關銷售獎勵的爭議，並防範此類爭議的頻繁發生，特制定本制度。

第 2 條　適用範圍

本公司所有部門及人員在處理有關銷售獎勵的爭議時，均需遵守本制度。

第 3 條　權責關係

1. 銷售獎勵爭議處理工作由人力資源部主要負責，銷售部、財務部等相關部門予以配合。

2. 公司總經理對銷售獎勵處理結果具有最終審批權。

第 2 章　爭議處理依據

第 4 條　對銷售獎勵爭議的處理應遵守相關法律，並依據本公司的《銷售獎勵管理制度》等有關規定進行。

第 5 條　在銷售獎勵爭議調查及處理過程中，人力資源部應本著實事求是的原則，不可歪曲真相，不可曲解相關公司規定及法律。

第 6 條　對於已離職的銷售人員，應按照公司相關規定儘量和平解決，在不得已的情況下，可提請仲裁或尋求法律途徑解決。

第 7 條　因為相關部門及負責人員的責任心不夠而導致公司遭受損失的，應要求其按比例賠償。

第 8 條　通過銷售獎勵爭議處理，發現公司有關銷售獎勵的制度或規定不夠完善的地方，應及時修訂。

第 3 章　銷售獎勵爭議處理程序

第 9 條　協商和解

1. 銷售人員如果對銷售獎勵產生爭議，應及時向上級主管及銷售經理書面反映。

2. 銷售經理向提出爭議的銷售人員解釋，如果仍不能消除其異議，應於 10 天之內向人力資源部轉交異議。

3. 人力資源部接手之後，要求提出爭議人員填寫「爭議處理申請單」，然後開展調查，銷售部、財務部、市場部等其他部門應積極配合人力資源部的調查。

4. 人力資源部調查得出結論後，撰寫爭議處理意見及防範措施，報總經理批准後實施。

第 10 條　申請調解

1. 協商和解不成功，提出爭議的銷售人員可以向公司爭議調解委員會申請調解。

2. 調解委員會由公司代表、職工代表和工會代表組成。公司代表由總經理指定；公司工會代表由公司工會委員會指定；職工代表由職工代表大會推薦產生。

3. 調解委員會調解銷售獎勵爭議，應當自當事人申請調解之日起 30 日內結束，到期未結束的，視為調解不成。

4. 調解委員會調解銷售獎勵爭議應當遵循當事人雙方自願原則，經調解達成協議的，製作調解協議書，雙方當事人應當自覺履行；調解不成的，當事人可在規定期限內向當地的爭議仲裁委員會

申請仲裁。

第 11 條　　當事人對仲裁裁決不服的，可以自收到仲裁裁決書之日起 15 日內向法院提起訴訟。

第 4 章　　爭議預防措施

第 12 條　　人力資源部在與銷售人員建立勞動關係時應將銷售獎勵的計算基數、銷售獎勵比例、發放條件和發放時間等以書面形式固定下來，或寫入勞動合約，或以雙方簽字蓋章的形式固定下來，以免口說無憑。

第 13 條　　銷售部應事先明確銷售獎勵制度，並確保銷售獎勵制度具有可操作性，並且不會產生歧義。例如多人完成的銷售項目，要明確不同參與者之間的銷售獎勵比例，以免日後發生爭議。

第 14 條　　公司一旦與銷售人員達成銷售獎勵的約定，應當遵循誠實信用原則，切實履行向銷售人員支付銷售獎勵的義務。

第 15 條　　遇到市場環境變化，確實需要降低銷售獎勵比例時，公司應事先與銷售人員協商，取得銷售人員的理解和支持。

第 16 條　　公司人力資源部和銷售部在出具相關制度和說明時，應避免使用電子郵件，因為電子郵件具有無形性、易破壞性等特徵，其真實性很難考證。

第 5 章　　附則

第 17 條　　本制度須經公司總經理審核批准。

第 18 條　　本制度自發佈之日起執行。

第 二 章

銷售獎勵辦法的大方向設計

1 業績導向的銷售獎勵體系設計

一、業績導向銷售獎勵辦法的介紹

1. 業績導向銷售獎勵體系的適用情況

業績導向的銷售獎勵體系將銷售獎勵的主要依據定為銷售業績,對於相關銷售成本和費用考慮較少,適用情況如下。

⑴企業處於上升期,迫切需要打開市場,即使利潤低於行業平均水準甚至沒有利潤也要不惜血本佔領市場。

⑵銷售業績下滑,員工士氣低迷,需要用業績來鼓舞鬥志,激發工作熱情,提高員工對公司未來的信心。

⑶新官上任,需要用銷售業績證明自身實力

僅僅以業績作為銷售獎勵的依據會造成諸多不良後果，例如：

銷售人員更願意推銷老產品或在已開發區域推廣，不利於新產品推廣和開闢新市場；銷售人員可能弄虛作假，虛報業績；銷售人員欺瞞客戶或承諾不可能達到的效果，損害公司長遠利益；銷售人員對客戶行賄，涉嫌觸犯法律。

2.業績導向的銷售獎勵體系設計過程

以業績為導向的銷售獎勵體系設計過程如表 2-1-1 所示。

表 2-1-1　以業績為導向的銷售獎勵體系設計過程

計算銷售獎勵總額	銷售獎勵總額＝銷售總額(回款額/合約額)－相關成本費用 －企業利潤留存－其他
確定承擔銷售業績的人員數量、績效和職位	1. 績效即完成業績所用時間、所花成本、對公司未來業務發展的貢獻； 2. 職位不同，銷售獎勵比例應有所差別。
確定銷售業績層級和相應銷售獎勵比例	1. 層級線的確定以銷售人員「努力一把可以達到」為原則； 2. 銷售層級確定依據：歷史銷售數據、銷售成本、對未來銷售的預測、廣告宣傳力度、消費者對品牌的接受程度等； 3. 銷售獎勵比例受行業水準、公司銷售戰略、產品特點和地區特點影響。
確定銷售獎勵的發放形式	1. 銷售獎勵發放前應進行必要的考核； 2. 不同的業務其銷售獎勵發放形式差別較大。

3. 業績總額計算公式

業績總額計算公式如表 2-1-2 所示。

表 2-1-2　業績總額計算公式

標準	計算公式	
	按渠道計算	按產品計算
銷售收入總額	$\sum_{i=1}^{n} A_i$ 一定時間內渠道銷售量×銷售價格	$\sum_{i=1}^{n} B_i$ 一定時間內產品銷售量×銷售價格
合約額	$\sum_{n=1}^{n} C_1 + C_2 + \cdots\cdots + C_n$ C_n 為一定時期內部門簽訂的單個銷售合約的銷售額	
回款額	$\sum_{n=1}^{n} D_1 + D_2 + \cdots\cdots + D_n$ D_n 為一定時期內本部門銷售的單筆回款額	

二、部門業績導向的銷售獎勵體系

1. 部門銷售獎勵總額的計算

表 2-1-3 是對某企業四個銷售部門的其中一個——銷售 1 部的銷售獎勵總額的計算過程，其中的相關說明如下。

⑴銷售部門的業績按銷售收入計算，也可按照回款額、合約額計算。

⑵相關銷售收入為分攤到 A 產品和 B 產品上的與銷售相關的廣告費、宣傳費、客戶開發費用、差旅費、辦公費、水電費等。

⑶企業自留利潤可以根據以往歷史記錄和未來發展規劃確定，也可以是企業規定部門必須上交的利潤額。

⑷部門銷售獎勵總額為部門用於發放銷售獎勵的總金額，例如

將其分解到兩種產品上：

①銷售相關費用可以分解到產品上；

②企業自留利潤易於確定。

表 2-1-3　銷售 1 部的銷售獎勵總額的計算過程

銷售部門	銷售 1 部	銷售 2 部	銷售 3 部	銷售 4 部
銷售產品	A、B	C	D	E、F
年銷售收入	1000 萬元	500 萬元	800 萬元	1200 萬元

A 產品 400 萬元　　　　　B 產品 600 萬元

減去　　　　　　　　　減去

產品成本	120 萬元	220 萬元
相關銷售成本	160 萬元	100 萬元
企業自留利潤	80 萬元	220 萬元

所得　　　　　　　　　所得

部門銷售獎勵總額	40 萬元	60 萬元

2.部門業績的分解

表 2-1-4　部門銷售業績的分解

銷售部門	銷售 1 部	銷售 2 部	銷售 3 部	銷售 4 部
銷售產品	A、B	C	D	E、F
年銷售收入	1000 萬元	500 萬元	800 萬元	1200 萬元

A 產品 400 萬元　　　　　　　B 產品 600 萬元

銷售專員	劉×× 120 萬元	黃×× 100 萬元	秦×× 100 萬元	蔡×× 120 萬元	陳×× 150 萬元	萬×× 80 萬元	袁×× 150 萬元
銷售主管	鄧××80 萬元			吳××100 萬元			
銷售經理	李××（銷售經理負責管理，不參與銷售）						

3.部門銷售獎勵的確定

⑴該企業 2009 年業績完成情況和銷售獎勵比例如表 2-1-5 所示。

表 2-1-5　2009 年業績完成情況和銷售獎勵比例

產品	計劃完成 銷售額	實際完成 銷售額	銷售獎勵 比例	部門銷售獎 勵 總額	部門獎金 總額
A	300 萬元	280 萬元	7%	35 萬元	5 萬元
B	500 萬元	550 萬元	6%	40 萬元	
其他 說明	主管的銷售獎勵＝產品銷售獎勵＋手下銷售人員業績總額的 1.5%				
	部門經理的銷售獎勵＝部門業績的 2%				
	鄧主管手下的銷售人員為：劉××、黃××、秦××				
	吳主管手下的銷售人員為：蔡××、陳××、萬××、袁××				
	部門獎金總額是從部門銷售獎勵總額中扣除的部份，用作對年底部門表現優秀的員工的獎勵				

(2)該企業 2010 年銷售獎勵確定過程如表 2-1-6 所示。

表 2-1-6　2010 年銷售獎勵確定過程

產品	計劃完成銷售額	部門銷售獎勵總額	銷售獎勵比例試算					
A	400 萬元	40 萬元	7.5%	7.5%	8%	9.5%	10%	10%
B	600 萬元	60 萬元	5%	5.5%	5%	5.5%	4%	3%
說明	A 產品為新上市產品，市場開拓難度較大，2010 年提高 A 產品的銷售獎勵比例，促進銷售增長							
	B 產品已有成熟的經銷商渠道，產品已被消費者接受，2010 年開始降低銷售獎勵比例							
	部門經理和主管的銷售獎勵比例維持不變							
	銷售獎勵比例的試算過程：將銷售獎勵比例乘以每個銷售人員的銷售任務額，得出銷售獎勵額，最後計算出部門銷售獎勵的總額							
	試算結果為 A 產品銷售獎勵 8%，B 產品銷售獎勵 5%，剩餘部份不足 10 萬元的，作為部門年終獎金							
限制條件	計算出的銷售獎勵總額應小於部門銷售獎勵總額，適當留出一部份作為部門獎金							
	與去年相比較，原則上不能使差距過大							
	應符合企業的戰略發展方向，即 A 產品銷售獎勵比例＞7%，B 產品銷售獎勵比例＜6%							

三、區域業績導向的銷售獎勵體系

1.區域分類依據

表 2-1-7　銷售區域的劃分依據

按地理區域劃分	東北區、華北區、華東區、華中區、華南區、西北區、西南區。
按城市規模大小劃分	一級市場(一線城市)、二級市場(省級城市)、三級市場(地級市)、四級市場(縣鄉城鎮)。
按客戶劃分	銷售人員客戶的所在地為此銷售人員負責的銷售區域。
按開發順序劃分	已開發區域、正在開發區域、待開發區域。

2.影響區域銷售獎勵比例的因素

不同的產品在同一區域銷售、同一產品在不同區域銷售,其銷售業績有很大不同,建立區域業績導向的銷售獎勵體系,關鍵是確定不同區域、不同產品的銷售獎勵比例。影響區域銷售獎勵比例的因素如下。

⑴消費者的消費習慣

⑵產品特點

⑶消費者品牌的認知

⑷社會文化

⑸區域市場開發時間

⑹區域潛在客戶數量

3.區域銷售獎勵的確定

(1)不同開發時長的區域銷售獎勵的確定

AGG 公司主要生產中高檔的木制兒童傢俱，銷往全國各地，銷售區域按地理區域劃分為東北區、華北區、華東區、華中區、華南區、西南區、西北區七個大區，其中西北區屬於待開發區，尚未開展業務。

公司產品的主要消費群體為收入在當地中等水準以上的、有一定經濟實力的家庭。

表 2-1-8　不同開發時長的區域市場銷售獎勵比例的確定過程

按開發時長為銷售區域分類	5 年以上	35 年	03 年	待開發
	華北地區	華南地區	東北地區	西北地方
	華東地區	華中地區	西南地區	

對比過去兩年的廣告宣傳費用和銷售收入	年份	開發 5 年以上區域		開發 3～5 年區域		開發 0～3 年區域		待開發區域	
		廣告費用	銷售收入	廣告費用	銷售收入	廣告費用	銷售收入	廣告費用	銷售收入
	2008	120 萬元	600 萬元	80 萬元	300 萬元	120 萬元	200 萬元	0	1 萬元
	2009	100 萬元	800 萬元	100 萬元	400 萬元	120 萬元	300 萬元	0	2 萬元

續表

	區域分類	市場開發難易程度	潛在客戶數量
分析市場開發難易程度和潛在客戶數量	開發 5 年以上區域	消費者對品牌已經認知並熟悉，市場開發難度不大	此類區域的消費能力較強，潛在客戶數量較多
	開發 3～5 年區域	消費者對品牌有一定的認知但並不熟悉，已開發出經銷渠道，需要大力維護與經銷商的關係	此類區域的消費能力可以承受，但缺乏環保傢俱的理念，潛在客戶數量較多
	開發 0～3 年區域	消費者對品牌瞭解較少，經銷商數量不大，與經銷商的關係不夠穩定，市場開發處於攻堅階段	此類區域的消費能力不足，產品主要面向高收入群體，潛在客戶有限
	待開發區域	消費者已建立其他品牌的認知，未發展經銷商，市場開發難度大	此類區域消費能力有限，但市場缺乏中高檔產品，潛在客戶眾多

根據以上考慮因素，參考以往銷售獎勵比例，確定本年銷售獎勵比例	年份	開發 5 年以上區域		開發 3～5 年區域		開發 0～3 年區域		待開發區域	
		銷售收入	銷售獎勵比例	銷售收入	銷售獎勵比例	銷售收入	銷售獎勵比例	銷售收入	銷售獎勵比例
	2008	600 萬元	3%	300 萬元	4%	150 萬元	5%	1 萬元	
	2009	800 萬元	2.5%	500 萬元	4%	300 萬元	5.5%	2 萬元	
	2010	1100 萬元	1.8%	800 萬元	3.8%	450 萬元	6%		

(2)同一產品在不同區域銷售獎勵的確定

　　由於不同區域的消費者對產品的喜好程度不同,使得同一產品在不同區域銷售的銷售獎勵各有不同,因此在制定區域業績銷售獎勵辦法時應先明確產品的相關特點,表 2-1-9 是某公司銷售的四類產品的特點。

表 2-1-9　某公司區域產品銷售特點

項目\品名	定價	品質	包裝	適合人群/用途	銷售業績	其他說明
G 產品	高	好	精美	中等收入以上者	高	在一線城市銷量最大,比較容易被消費者接受
F 產品	中等	好	一般	工薪階層	較低	屬於物美價廉型產品,在各城市的市場開發無明顯差別
E 產品	中等	一般	精美	禮品	較高	特殊用途,總體銷售業績不高,在三線城市推廣較為困難,一、二線城市推廣無明顯差別
D 產品	低	一般	一般	低收入人群	中等	在三線城市銷量最大,在一線城市銷量最小

　　根據表 2-1-9 中所列特點,參考各區域市場競爭程度,確定各類區域的銷售獎勵表,如表 2-1-10 所示。

表 2-1-10 2010 年某公司產品在各類區域的銷售獎勵表

產品名稱 銷售區域	G 產品	F 產品	E 產品	D 產品
一線城市	3%	1%	2.5%	1%
二線城市	5.5%	0.8%	2%	1.5%
三線城市	1.8%	0.7%	6%	1%
設計說明	市場競爭越激烈，推廣難度越大，銷售獎勵越高			
	G 產品在一線城市銷量大，因市場競爭較為激烈，因此銷售獎勵比例偏高			
	G 產品在三線城市推廣難度很大，公司決定維持現狀，不再增加促銷投入，因此銷售獎勵比例偏低			
	G 產品在二線城市推廣難度較大，公司決定逐步打開二級市場，因此銷售獎勵比例偏高			
	F 產品較容易被各類市場所接受，因此各區域銷售獎勵沒有太大差異			
	D 產品不適合在一線城市銷售，公司決定逐步退出，其銷量最小，銷售獎勵不高			
	D 產品適合在二、三線城市銷售，其銷量大，銷售獎勵低			
假設條件	1. 不考慮市場開發時長對銷量和銷售獎勵的影響； 2. 各地區消費者對品牌的認知程度相同。			

2 成本導向的銷售獎勵體系設計

一、企業統一核算的銷售獎勵體系

企業要達到一定的銷售收入必定要發生一定的銷售成本，成本導向的銷售獎勵體系設計的重點在於，確定成本佔銷售收入的比率在多大範圍內可以被接受，並使銷售人員得到何種程度的獎勵，設計過程如下所示。

⑴制定銷售費用詳細預算

⑵對比以往成本佔銷售收入的比重

⑶確定可接受的成本比率

⑷確定比率層級和對應的銷售獎勵比例

1.銷售成本與費用分攤

銷售過程中有一部份費用是固定的，不隨銷售量的變化而變動，這一部份費用主要是廣告宣傳費用，在企業統一核算的銷售體系模式中，應首先將這一部份固定成本進行分攤。分攤有多種方式，可以按所有產品的銷售額或銷售量分攤，也可以先按產品種類平均分攤，然後再按產品的銷售額或銷售量分攤。表 2-2-1 以某企業為例說明分攤的具體方法。

表 2-2-1　與銷售相關的固定費用的分攤方法

項目 品名	銷售額	銷售量	專項廣告宣傳費用	廣告宣傳費用總額	廣告宣傳費用總額分攤方式		
					按產品種類平均分攤	按產品銷量平均分攤	按銷售額平均分攤
產品 1	80 萬元	1000 件	—		20 萬元	80 元/件	0.16 元/1 元銷售額
產品 2	120 萬元	2000 件	12 萬元	80 萬元	32 萬元	140 元/件	0.26 元/1 元銷售額
產品 3	150 萬元	5000 件	—		20 萬元	80 元/件	0.16 元/1 元銷售額
產品 4	150 萬元	2000 件	—		20 萬元	80 元/件	0.16 元/1 元銷售額

2.確定成本與銷售收入的比例關係

　　銷售過程中隨銷售量或銷售額的增加而增長的成本或費用是銷售變動費用，不同企業、同一企業的不同產品的變動費率都不同，變動費率主要根據歷史銷售數據、產品銷售特點和地域銷售特點確定。由於環境和人為因素的影響，通常將變動費率確定在一個區間內。

表 2-2-2　確定成本與銷售收入的比例關係

	年份	銷售收入	銷售量	變動成本	銷售收入－銷售成本	銷售獎勵比例
對比歷史銷售數據	2007 年	200 萬元	5000 件	60 萬元	140 萬元	2%
	2008 年	320 萬元	7000 件	85 萬元	235 萬元	1.5%
	2009 年	260 萬元	5500 件	70 萬元	215 萬元	1.8%

	年份	變動成本/銷售收入	變動成本/銷售量	銷售獎勵比例
計算銷售成本率	2007 年	30%	120 元/件	2%
	2008 年	26.6%	121 元/件	1.5%
	2009 年	26.9%	127 元/件	1.8%

	年份	銷售固定成本/銷售收入	銷售固定成本/銷售量	（固定成本＋變動成本）/銷售收入	（固定成本＋變動成本）/銷售量
	2007 年	5%	10 元/件	35%	130 元/件
	2008 年	8%	9 元/件	34.6%	130 元/件
	2009 年	7%	10 元/件	33.9%	137 元/件

	項目	銷售成本/銷售收入	銷售成本/銷售量
確定可以接受的變動範圍	可以接受的波動範圍	34%以下	135 元/件以下

續表

確定層級和相應銷售獎勵比例	項目	銷售成本/銷售收入	銷售成本/銷售量	銷售獎勵比例
	比例層級	33%～34%	130～135 元/件	1%
		32%～33%	125～130 元/件	1.5%
		31%～32%	120～125 元/件	2%
		31%以下	120 元/件以下	2.5%

⬇

設置說明	銷售獎勵的計算仍按照銷售收入×銷售獎勵比例計算
	由於銷售渠道趨於成熟，產品的銷售成本率逐年下降，2009 年較為特殊
	2009 年受大環境影響銷售量和銷售額雙雙下降
	公司對 2010 年大環境的預測較為樂觀

二、單獨核算項目的銷售獎勵體系

1.單獨核算項目的銷售獎勵的特點

⑴銷售人員通常會承擔部份銷售過程的成本，如差旅費、業務招待費等。

⑵銷售獎勵比例通常根據合約額或回款額確定。

⑶若賬款不能全部收回，銷售人員應承擔部份責任。

2.單獨核算項目銷售獎勵體系的確定過程

(1)確定項目合約額對應的銷售成本支出限額

表 2-2-3 為某軟體發展公司制定的同合約額對應的成本支出限額表。

表 2-2-3　合約額與售前成本限額對應表

序號	項目合約額	公司承擔的銷售費用支出限額	說明
1	100 萬元以下	20 萬元以下	①合約額在 100 萬元以下的項目和 500 萬元以上的項目，其售前銷售成本支出比例較高；
2	100 萬～300 萬元	55 萬元以下	
3	300 萬～500 萬元	80 萬元以下	
4	500 萬元以上	150 萬元以下	②合約額為 100 萬元、300 萬元和 500 萬元的，成本限額就高不就低

⑵確定銷售獎勵計算方式

不同行業、不同的企業有不同的銷售獎勵計算方式,詳情如表 2-2-4 所示。

表 2-2-4　銷售獎勵計算方式

計算依據	計算公式	適用情況
按項目收入額計算	合約額×銷售獎勵比例	回款沒有困難的項目
	銷售收入×銷售獎勵比例	銷售收入在售前確認的項目
按回款額計算	回款額×銷售獎勵比例	不能全部回款的項目
按項目利潤額計算	(合約額－售前成本)× 銷售獎勵比例	售前成本支出較大的項目
	(回款額－售前成本)× 銷售獎勵比例	銷售人員缺乏成本意識的項目

3.單獨核算項目銷售獎勵核算示例

表 2-2-5 是某企業單獨核算項目銷售獎勵核算方法。

表 2-2-5　單獨核算項目銷售獎勵核算方法

項目合約額	銷售費用支出	銷售獎勵計算	說明
50 萬元以下	5 萬元以下	回款額×7%	銷售費用支出超過 12 萬元不發放銷售獎勵
	5 萬～10 萬元	回款額×2.5%	
	10 萬元以上	回款額×0.3%	
50 萬～150 萬元	5 萬元以下	回款額×9%	銷售費用支出超過 18 萬元不發放銷售獎勵
	5 萬～10 萬元	回款額×7%	
	10 萬～15 萬元	回款額×2.5%	
	15 萬元以上	回款額×0.3%	
150 萬～300 萬元	10 萬元以下	回款額×10%	銷售費用支出超過 30 萬元不發放銷售獎勵
	10 萬一 20 萬元	回款額×6%	
	20 萬～30 萬元	回款額×3%	
	30 萬元以上	回款額×0.1%	
300 萬～500 萬元	15 萬元以下	回款額×10%	銷售費用支出超過 60 萬元不發放銷售獎勵
	15 萬～25 萬元	回款額×7%	
	25 萬～40 萬元	回款額×5%	
	40 萬一 60 萬元	回款額×3%	
	60 萬元以上	回款額×1%	
500 萬元以上	20 萬元以下	回款額×10%	銷售費用支出超過 75 萬元不發放銷售獎勵
	20 萬～40 萬元	回款額×7%	
	40 萬～60 萬元	回款額×5%	
	60 萬～80 萬元	回款額×3%	
	70 萬元以上	回款額×1%	

3 新產品導向的銷售獎勵體系設計

一、新產品在新市場的銷售獎勵辦法

(1)選取相似案例作為參照體系

GRT 公司是一家生產有機食品的公司，產品主要銷往京津地區。為了打開中部地區大城市的市場，公司決定在 W 市和 P 市分別成立銷售部，負責當地的市場開發工作。

隨著民眾健康、環保意識的增強，有機食品近幾年得到了越來越多消費者的認可，主要在一線城市銷售。為了在三線城市 W 市和 P 市打開銷路，培養和留住銷售人員，公司需要制定一套適合的銷售獎勵體系，以下是收集到的參考數據。

GRT 公司銷售數據如表 2-3-1 所示。

表 2-3-1　GRT 公司在 K 市的銷售數據（2008 年）

月份	銷售收入	銷售獎勵比例	一線銷售人員底薪
1	10 萬元		
2	8 萬元		
3	10.5 萬元	1.5%	1200 元
4	12 萬元		
5	13 萬元		
6	14.5 萬元		
7	15.8 萬元		
8	17 萬元		
9	16 萬元	1%	1200 元
10	18.5 萬元		
11	19 萬元		
12	22 萬元		

GRT 公司在 K 市 2009 年的銷售數據如表 2-3-2 所示。

表 2-3-2　GRT 公司在 K 市的銷售數據（2009 年）

月份	銷售收入	銷售獎勵比例	一線銷售人員底薪
1	21 萬元		
2	20 萬元		
3	23.5 萬元	1%	1200 元
4	26 萬元		
5	25 萬元		
6	27.8 萬元		
7	28 萬元		
8	29.5 萬元		
9	30.8 萬元	0.8%	1200 元
10	30.2 萬元		
11	29.8 萬元		
12	31 萬元		

UH 有機食品公司在 L 市的銷售數據如表 2-3-3 所示。

表 2-3-3　UH 有機食品公司在 L 市的銷售數據

月份	銷售收入	銷售獎勵比例	一線銷售人員底薪
1	60.5 萬元		
2	65 萬元		
3	68 萬元	0.5%	1500 元
4	66.2 萬元		
5	63 萬元		
6	64 萬元		
7	68 萬元		
8	69.5 萬元		
9	70.8 萬元	0.8%	1500 元
10	71.2 萬元		
11	72.8 萬元		
12	74 萬元		

(2)進行分析並制定銷售獎勵體系

　　R 市的消費水準低於一線城市，消費者對有機食品的認知有限，因此銷售難度較大，但同時考慮到有機食品的銷售利潤不高，GRT 公司制定了 R 市的銷售獎勵體系，銷售獎勵比例比表 2-3-1、表 2-3-2 和表 2-3-3 列出的銷售獎勵比例平均高 3%～4%，銷售人員的底薪和一線城市持平甚至略高，如表 2-3-4 所示。

表 2-3-4　GRT 公司 R 市的銷售獎勵體系

銷售收入	銷售獎勵比例	一線銷售人員底薪
5 萬元以下	3%	
5 萬～8 萬元	4%	
8 萬～10 萬元	5%	1600 元
10 萬元以上	5.5%	

二、新產品在舊市場的銷售獎勵體系辦法

(1)銷售獎勵設置

分析新產品與老產品的關係，新產品與老產品的關係不同，銷售策略和銷售獎勵的設置也不同，詳情如表 2-3-5 所示。

表 2-3-5　新產品舊市場的銷售獎勵設置

新老產品關係	新產品進入之前的老產品銷售獎勵	新產品進入之後的老產品銷售獎勵	新產品銷售獎勵	說明
互補	5%	3%	6%	互補產品的銷售難度小於替代產品，適當降低老產品銷售獎勵，鼓勵銷售人員打開新產品的市場
相互替代	5%	0.5%	8%	替代產品的銷售難度大，為了促進新產品的銷售，老產品的銷售獎勵應儘量低甚至沒有
不同生命週期	5%	5%	8%	這種銷售獎勵方式是在保住老產品銷量的同時促進新產品的銷售，儘快讓新產品從微利甚至虧本的導入期過渡到銷售量和銷售增長率高速增加的成長期，銷售成本高
假設條件	1. 不考慮廣告費用的分攤 2. 不考慮產品不同地域的銷售差異			

⑵銷售獎勵的考核

為了鼓勵銷售人員多銷售新產品，企業通常對新產品的銷售制定嚴格的考核方法，詳情如表 2-3-6 所示。

表 2-3-6　新產品銷售的考核方法

新老產品關係	銷售考核方式
互補	月銷售收入達到＿＿＿萬元，其中新產品的銷售收入應佔 40%以上
	月銷量比上月增長 10%，其中新產品的銷售量佔月銷量的 45%以上
相互替代	季銷售收入達到＿＿＿萬元，其中新產品的銷售收入應佔 30%以上
	季銷量比上月增長 10%，其中新產品的銷售量佔季銷量的 25%以上
不同生命週期	月銷售收入比上月增長 20%，新產品的銷售收入佔月銷售收入的 30%以上

費用導向的銷售獎勵辦法設計

一、銷售費用全包型銷售獎勵體系

銷售費用全包型銷售體系的特點，是銷售人員在銷售過程中發生的費用由個人承擔，銷售人員會主動節約銷售過程的費用支出，銷售人員的實際銷售獎勵為銷售獎勵減去費用支出，公司設定費用比例，超出部份由銷售人員承擔，銷售費用控制嚴格可能會影響銷售效果。

(1)制定銷售費用全包政策

不同的費用全包政策會有不同的銷售獎勵計算方式，具體如表2-4-1所示。

表 2-4-1　不同的費用全包政策對應的銷售獎勵計算方式

包乾政策	銷售獎勵計算	說明
銷售人員承擔所有銷售過程中的費用支出	銷售收入×15%	銷售人員承擔的銷售費用比例越高，銷售獎勵比例也應越高
佔銷售收入 5%以下的銷售費用由公司承擔，多出部份由銷售人員承擔	銷售收入×10%	
銷售人員和公司各承擔銷售費用的 50%	銷售收入×8%	
公司承擔所有銷售費用	銷售收入×1%	

(2)確定最低銷售價格和最高銷售價格的依據

①最低價格確定的依據

根據公司管理費用、稅金、員工固定工資等確定。

②最高價格確定的依據

用市場上同類產品的最高售價和本企業銷售的最高價格為參考，以不損害客戶利益、不擾亂正常的市場價格結構為原則。

(3)確定相應銷售獎勵比例

銷售獎勵比例可以根據多種因素確定，具體如表 2-4-2 所示。

表 2-4-2　銷售獎勵比例表

出售價格	費用包乾政策	銷售獎勵政策	
以最低價格出售	銷售人員承擔所有銷售費用支出	銷售收入×15%	
高於最低價格出售	銷售人員承擔所有銷售費用支出	最低價格部份	超出部份
		銷售收入×15%	銷售收入×30%

二、企業承擔費用的銷售獎勵體系

1. 企業承擔費用的銷售獎勵體系的特點

(1)銷售人員在銷售過程中發生的費用由企業全部承擔。

(2)銷售人員一般不會主動節約銷售過程中的費用支出。

(3)銷售人員缺乏成本節約意識。

(4)銷售獎勵按銷售利潤計算可適當降低銷售過程中的成本支出。

2.價格導向的企業承擔費用的銷售獎勵設計過程

(1)確定最低銷售價格和最高銷售價格的依據

①最低價格應比銷售費用全包型的價格高。

②最高價格的確定應考慮企業承擔的銷售費用,應該比銷售費用全包型的價格要低。

(2)確定銷售獎勵計算的方式

①利潤銷售獎勵應著重考慮銷售費用的分攤,銷售獎勵計算公式如下所示。

銷售獎勵＝(銷售價格－分攤的銷售費用)×銷售獎勵比例

②銷售價格銷售獎勵的計算公式:

銷售獎勵＝銷售價格×銷售獎勵比例。

(3)確定具體銷售獎勵比例

具體銷售獎勵比例的確定方法如表 2-4-3 所示。

表 2-4-3　銷售獎勵比例確定方法表

出售價格	費用全包政策	銷售獎勵政策	
以最低價格出售	佔銷售收入 5%以下的銷售費用由企業承擔,多出部份由銷售人員承擔	銷售收入×10%	
	銷售人員和企業各承擔銷售費用的 50%	銷售收入×8%	
以高於最低價格出售	佔銷售收入 5%以下的銷售費用由企業承擔,多出部份由銷售人員承擔	最低價格部份 銷售收入×10%	超出部份 銷售收入×25%
	銷售人員和企業各承擔銷售費用的 50%	銷售收入×8%	銷售收入×15%

5 銷售渠道導向的銷售獎勵辦法設計

一、代理商銷售獎勵體系

1.對代理商的日常銷售獎勵設計

為了鼓勵新代理商銷售的積極性,供應商會給予新代理商一定的銷售激勵,激勵形式如表 2-5-1 所示。

表 2-5-1　新代理商的銷售獎勵設計

銷售獎勵形式	適用情況
免費贈與新代理商一定數量的代理產品或其他贈品	(1)從事代理銷售的前____個月內的銷售額達到____萬元;
提供代理銷售額____%的銷售獎勵獎勵	(2)從事代理銷售的前____個月內的銷售量達到規定的指標
提供一次性____元的銷售獎勵	

當供應商同代理商建立穩定的代理關係後,供應商針對代理商的情況會設定多種銷售獎勵形式,具體如表 2-5-2 所示。

表 2-5-2　代理商的日常銷售獎勵設計

銷售獎勵形式	銷售獎勵依據及說明
享受＿＿%銷售額的特價產品，完成任務後執行	每季/每半年完成既定的銷售量或銷售額
提供代理銷售額＿＿%的銷售獎勵獎勵	季回款額或季回款率，回款額或回款率越高，則銷售獎勵比例越高
一次性進貨量達到＿＿件或一次性進貨額達到＿＿萬元，以產品的零售價為基準，提取＿＿%的利潤銷售獎勵；一次性進貨量達到＿＿件，除進行利潤銷售獎勵外，再給予＿＿元的獎勵	一次性進貨量或進貨額，一次性進貨量或進貨額越高，則給予的利潤銷售獎勵比例或獎勵額越高

2.對代理商的年終銷售獎勵設計

　　供應商對代理商進行年終獎勵的目的在於鼓勵代理商保持持續的高銷售業績，穩定雙方的合作關係。供應商對代理商年終銷售獎勵設計的具體內容如表 2-5-3 所示。

表 2-5-3　代理商的年終銷售獎勵設計

銷售獎勵形式	銷售獎勵依據及說明
每年年終供應商給代理商結算返利一次，或者每年可以額外報銷一次總值為＿＿元的銷售費用	代理商通過供應商的年度業績考核，一般適用於總代理商
進行現金獎勵，或者折合為下一年度的購貨款	每年對所有供應商進行評估，對排名前位的代理商進行現金獎勵
給予銷售額不同比例的返利	代理商一年的銷售總額或銷售總量，在達到低限額度的基礎上，銷售總額或銷售量越高，返利比例就越高

3.對代理商的輔助支援

⑴優先續約權：合約期滿時，代理商銷售業績良好，代理商享有優先續約權。

⑵保修政策：代理商購進的供應商產品如有介質、設備損壞，代理商在到貨後＿＿個工作日內提出，供應商免費予以更換。

⑶培訓政策：供應商不定期舉辦售前、市場及技術培訓班，代理商應根據自己的情況參加。

⑷技術支持政策：供應商將對代理商進行多種形式的技術支援，如電話、傳真、電子郵件、在線解答等，代理商如果要求供應商進行現場技術支持，雙方需另行協商。

4.扣發或不予發放銷售獎勵的條件

對於供應商而言，設置扣發或不予發放銷售獎勵的條件，有利於促使代理商規範自身的代理行為，避免產生損害供應商利益的不良後果。扣發或不予發放銷售獎勵的條件如下。

⑴未經允許，擅自以低於規定價格銷售的,取消銷售獎勵資格。

⑵違規銷售競爭對手產品的,取消銷售獎勵資格。

⑶對客戶進行誇大宣傳,影響供應商信譽和聲譽的,取消銷售獎勵資格。

⑷存在竄貨等擾亂市場行為的,取消銷售獎勵資格。

二、批發商銷售獎勵體系

批發商銷售獎勵設計如表 2-5-4 所示。

表 2-5-4　批發商銷售獎勵設計

銷售獎勵依據		銷售獎勵舉例	銷售獎勵說明
首期回款	首期回款額	首期回款 4 萬～6 萬(不含)元返 3%的實物；首期回款 6 萬～8 萬(不含)元返 5%的實物；首期回款 8 萬～10 萬(不含)元返 7%的實物；首期回款 10 萬元以上返 10%的實物	銷售獎勵形式包括實物、貨款、現金等
	首期回款比例	首期回款比例達到 60%～75%(不含)，返還 0.25 萬元的貨款；首期回款比例達到 75%以上返還 0.4 萬元的貨款	
年度回款	年度回款額	年度回款額 25 萬～50 萬(不含)元返還 1%的獎勵；年度回款額 50 萬～80 萬(不含)元返還 2%的獎勵；年度回款額 80 萬元以上返還 3%的獎勵	銷售獎勵形式包括實物、貨款、現金等
	年度回款比例	年度平均月回款比例達到 65%～70%(不含)，返還 0.8 萬元的現金；年度平均月回款比例達到 70%以上返還 1.2 萬元的現金	
年訂貨量		年訂貨量在 9 萬～12 萬(不含)元獎勵 0.3 萬元；年訂貨量在 12 萬～15 萬(不含)元以上獎勵 0.8 萬元；年訂貨量在 15 萬元以上獎勵 1.5 萬元	

三、經銷商銷售獎勵體系

1. 供應商對經銷商的銷售獎勵形式

供應商對經銷商的銷售獎勵形式包括如下所示的五個方面。

⑴按銷售額的百分比返相應額度的產品。

⑵按銷售額的百分比返現。

⑶按銷售額的百分比抵扣下次回款。

⑷年底對經銷商進行綜合評估，對前幾名進行物質獎勵或現金獎勵。

⑸超過一定銷量以上的給予一定的價格折扣。

2. 按經銷額劃分的銷售獎勵比例設計

供應商對經銷商的銷售獎勵比例設計因經銷商的銷售額不同而有所差別，具體參考比例如表 2-5-5 所示。

表 2-5-5　供應商對經銷商的銷售獎勵比例設計

分類	標準	銷售獎勵（年銷售額）		
一類經銷商	年銷售額 1000 萬元以上	1000 萬元以下	1000 萬～ 1300 萬元	1300 萬元以上
		3.5%	5%	6.5%
二類經銷商	年銷售額 500 萬 ～1000 萬元	500 萬元以下	500 萬～ 1000 萬元	1000 萬元以上
		2%	3%	4.5%
三類經銷商	年銷售額 200 萬 ～500 萬元	200 萬元以下	200 萬～ 500 萬元	500 萬元以上
		1%	2%	3.5%
四類經銷商	年銷售額 200 萬元以下	100 萬元以下	100 萬～ 200 萬元	200 萬元以上
		0.5%	1.5%	2.5%

3.按季節劃分的銷售獎勵比例設計

按季節劃分的銷售獎勵比例設計會考慮因產品特徵而導致的銷售旺季和銷售淡季的銷量差別，其銷售獎勵比例設計如表 2-5-6 所示。

表 2-5-6　按季節劃分的銷售獎勵比例設計

分類	包括月份	銷售獎勵（月銷售額）				
		50 萬元以下	50 萬~100 萬元	100 萬~300 萬元	300 萬~500 萬元	500 萬元以上
旺季	6、7、8、9 月份	1%	3%	4%	5%	6%
淡季	1、2、3、11、12 月份	2%	4%	5.5%	6.5%	8%
一般	4、5、10 月份	1.5%	3.5%	5%	6%	7%

四、零售商銷售獎勵體系

1.銷售獎勵設計步驟

商品供應商對零售商銷售的銷售獎勵，設計步驟如下所示。

⑴核算零售商銷售對本公司成本和利潤的影響程度

⑵將零售額度劃分為不同的等級

⑶針對不同的等級設計對應的銷售獎勵額度或比例

⑷向零售商發佈銷售獎勵計劃

⑸根據零售商進貨憑據確定零售額度的等級

(6)配備贈品或其他獎勵

(7)發放贈品或其他獎勵

2.銷售獎勵設計實例

零售商銷售獎勵的設計實例如下。

實例一

某洗滌用品生產商在 2009 年年底推出對零售商的銷售獎勵措施,旨在促使零售商加大進貨力度,具體的獎勵辦法如下:

1.每進 1 箱洗衣粉即可得兌獎券 1 張,可參加抽獎(中獎率為 60%);

2.抽獎獎品設置

(1)特等獎 30 名,獎價值 4000 元的照相機 1 部;

(2)一等獎 150 名,獎價值 1000 元的純毛外衣 1 件;

(3)二等獎 3000 名,獎價值 300 元的床上用品 1 套;

(4)三等獎 15000 名,獎價值 120 元的廚具 1 套;

(5)四等獎 30000 名,獎價值 40 元的洗滌用品 1 件。

實例二

某啤酒生產商為促進本廠啤酒的銷售量所設定的具體獎勵辦法如下。

1.活動期間:2009 年 5 月 20 日～2009 年 8 月 19 日。

2.活動採取根據各零售商的銷售量贈送贈品的形式實施,具體措施如下:

(1)銷售額達到 50000 元(按進貨價計算)的零售店,可獲贈價

值 150 元左右的打火機 10 個；

(2)銷售額達到 80000 元的零售店，除獲得 10 個打火機外，還可獲得價值 300 元的手錶 8 只；

(3)銷售額達到 120000 元的零售店，除獲得打火機和手錶外，還可獲得價值 400 元的領帶 10 條；

(4)銷售額至 150000 元的零售店，除獲得以上 3 項獎勵外，還可獲贈 1 台洗衣機。

實例三

某飲料生產商為了穩固公司產品在一線各大飯店的進貨量，同零售商達成了以下年度銷售贊助協定：

1.該年度內協議飯店只銷售該公司生產的一種飲料；

2.該飯店的月銷售量每月平均達到 130 箱以上，該公司負責向該飯店提供 50 套餐桌餐椅，並提供一次 5000 元的店慶贊助。

五、直營店銷售獎勵體系

1.銷售獎勵參考指標

直營店作為廠商經營管理的終端，廠商對其的計提銷售獎勵可以參考如下的指標：

(1)員工流失率

(2)店面營業額

(3)營業費用率

⑷營業回款率

⑸營業毛利率

⑹客戶投訴率

2.銷售獎勵設計

⑴銷售獎勵設計步驟

直營店銷售獎勵的設計步驟如下所示。

①設定任務額度。根據各直營店上一年度和其他競爭門店的情況設定任務額度,任務額度分為月店面銷售任務額度和年度店面銷售任務額度。

②確定附帶條件。進一步明確完成任務額度的其他輔助條件,包括費用率的控制、員工流失率的控制、客戶投訴次數的控制等。

③分配銷售獎勵比例。根據店面各類工作人員對達成銷售任務的貢獻程度確定銷售獎勵比例,工作人員包括店長、副店長、店面導購員、店面收銀員等。

④核算銷售獎勵總額。企業根據各直營店的銷售任務的達成程度和銷售任務附帶條件對直營店進行考核,核算銷售獎勵總額。

⑤發放銷售獎勵。企業財務將總經理簽字確認的銷售獎勵總額表及相關款項發放至各直營店,直營店根據對店面各類工作人員的考核再進行銷售獎勵分配。

⑵銷售獎勵設計方法

銷售獎勵的設計方法以 XF 公司編號為 W150 的直營店的銷售獎勵設計為例進行說明。

① W150 直營店基本介紹

W150 直營店共有 8 名工作人員,包括 1 名店長、1 名副店長、

5 名導購員、1 名收銀員。2009 年，XF 公司給 W150 店分配的銷售任務如表 2-5-7 所示。

表 2-5-7　W150 直營店 2009 年度銷售任務分配

2009 年 W150 直營店總銷售任務額為 1500 萬元											
第一季(萬元)			第二季(萬元)			第三季(萬元)			第四季(萬元)		
300			450			500			250		
1 月	2 月	3 月	4 月	5 月	6 月	7 月	8 月	9 月	10 月	11 月	12 月
80	120	100	160	140	150	180	200	120	90	80	70

② W150 直營店的薪酬及銷售獎勵計提比例

直營店各類人員薪酬收入＝基本工資＋個人銷售獎勵＋團隊銷售獎勵＋

其他補貼

其中：

a.「個人銷售獎勵」同個人月分配的銷售任務掛鉤，當個人實際銷售額度低於目標銷售任務時，本月不計提個人銷售獎勵；個人實際銷售額度達到銷售分配的任務時，計提 2%的個人銷售獎勵，超出分配任務的額度按照 8%的比例計提銷售獎勵；

b.「團隊銷售獎勵」同整個直營店分配的銷售任務掛鉤，當整個直營店的實際銷售任務低於目標銷售任務時，本月不計提團隊銷售獎勵；當整個直營店的實際銷售任務達到或高於目標銷售任務時，直營店個人/團隊銷售獎勵的計算公式如下：

團隊銷售獎勵總額＝目標銷售額×1%＋超額銷售部份×2%

銷售人員銷售獎勵額＝團隊銷售獎勵總額×（個人實際銷售額/團隊實際銷售總額）

收銀員的銷售獎勵額＝團隊銷售獎勵總額/參與銷售的人員總數

　③以該直營店 3 月份的營業為例，W150 直營店個人銷售任務的分配情況和各人實際完成的銷售任務如表 2-5-8 所示。

表 2-5-8　W150 直營店個人銷售任務的分配情況和

各人實際完成的銷售任務

單位：萬元

工作人員	店長（1名）A	副店長（1名）B	導購（5名）					收銀員（1名）H	合計
			C	D	E	F	G		
目標銷售任務	20	15	13	12	12	14	14	—	100
實際銷售任務	18	17.2	15	5	13	15	16	—	105.7

④計算直營店人員的銷售獎勵總額

根據 3 月份直營店各類人員銷售任務完成的情況，W150 直營店各類人員 3 月份的銷售獎勵情況如表 2-5-9 所示。

表 2-5-9　3 月份 W150 直營店的個人應發銷售獎勵額

單位：萬元

銷售獎勵分類	店長(1 名)	副店長(1 名)	導購(5 名)					收銀員(1 名)
	A	B	C	D	E	F	G	H
個人銷售獎勵	—	0.476	0.42	—	0.32	0.36	0.44	—
團隊銷售獎勵	0.1897	0.1813	0.1581	0.1212	0.137	0.1581	0.1686	0.1591
銷售獎勵合計	0.1897	0.6563	0.5781	0.1212	0.457	0.5181	0.6086	0.1591
說明	① B 的個人銷售獎勵計算公式：$15 \times 2\% + (17.2 - 15) \times 8\% = 0.476$ ② C 的個人銷售獎勵計算公式：$13 \times 2\% + (15 - 13) \times 8\% = 0.42$ ③ E 的個人銷售獎勵計算公式：$12 \times 2\% + (13 - 12) \times 8\% = 0.32$ ④ F 的個人銷售獎勵計算公式：$14 \times 2\% + (15 - 14) \times 8\% = 0.36$ ⑤ G 的個人銷售獎勵計算公式：$14 \times 2\% + (16 - 14) \times 8\% = 0.44$ ⑥團隊銷售獎勵總額＝$100 \times 1\% + (105.7 - 100) \times 2\% = 1.114$ ⑦ H 的銷售獎勵額＝1.114 萬元/7＝0.1591 萬元							

6 不同銷售地區的銷售獎勵方案設計

一、在海外市場的銷售獎勵方案

本方案適用於從事海外市場拓展的銷售人員的銷售獎勵管理,提高產品銷售人員工作的積極性,擴大產品銷售量,開拓產品國際市場,規避企業國內市場的經營風險,實現國際化的行銷戰略。

1.銷售獎勵設計考慮的因素

(1)海外目標市場競爭激勵程度。

(2)海外市場開拓的戰略要求。

(3)海外市場銷售的投入產出比。

(4)海外市場銷售面臨風險的大小。

(5)不同目標市場潛在目標群體的多少。

2.銷售任務的分配

(1)公司針對不同的海外市場設置年度總體銷售目標,並由各海外市場的銷售經理將總體銷售目標分解到每個自然月,並分配到每個銷售人員。

(2)銷售人員每月銷售獎勵同銷售目標達成率掛鈎,針對不同的銷售目標達成率設置不同的銷售獎勵比例,參考比例如下表所示。

表 2-6-1　銷售目標達成率與銷售獎勵比例的設計樣例

銷售目標 達成率(M)	M＜60%	60%≤M＜ 80%	80%≤M＜ 90%	90%≤M＜ 100%	100%≤M ＜115%	M≥115%
銷售獎勵 計提比例	2%	2.5%	3%	4%	5%	7%
說明	銷售獎勵比例根據海外市場開發的難易程度可以進行適當調整,但需報公司人力資源部批准					

3.銷售獎勵的設計形式

海外市場銷售人員的薪酬由銷售底薪、銷售獎勵、銷售津貼、部份銷售費用的報銷共四個部份構成。

(1)銷售底薪

以 3000 元為基準,定為係數 1,參考各海外市場當地的人均收入設定不同的參考係數,計算各銷售人員的銷售底薪。不同海外市場的參考係數如下表所示,可根據實際情況進行調整。

表 2-6-2　不同海外市場的底薪參考係數

市場	東南亞	北歐	美國	南美	非洲
參考係數	1.1	1.5	1.8	1.1	0.8
銷售底薪	3300 元	4500 元	5400 元	3300 元	2400 元
備註	銷售底薪的制定,還應當遵守當地的相關法律規定				

(2)銷售獎勵

①銷售獎勵的設計同銷售人員考核期限內完成的銷售額和實現的銷售回款掛鈎。

②銷售獎勵應發額度計算

銷售人員的月應發銷售獎勵＝銷售人員當月已開訂單而未收到回款的訂單銷售額之和×銷售難度係數×＿＿％×50％＋銷售人員當期收到的銷售回款之和×＿＿％×50％

其中，銷售難度係數每半年確定一次，確定依據為本公司產品在目標市場的影響程度、是否為新市場、目標市場當地的風俗文化對本公司產品銷售的影響程度等。

(3)銷售津貼

給予不同海外目標市場的銷售人員一定的銷售津貼，津貼額度可參考下表。

表 2-6-3　不同海外市場的銷售津貼參考額度

市場	東南亞	北歐	美國	南美	非洲
參考額度	500 元	800 元	1000 元	500 元	400 元
備註	(1)確定津貼額度的依據包括當地人均收入、開展銷售工作的便利程度、當地氣候條件的惡劣程度等； (2)津貼額度每三年調整一次，表中的「參考額度」是指每月發放的銷售津貼的參考額度				

(4)部份銷售費用的報銷

報銷項目包括住宿費、餐飲費、交通費和通信費。公司設定報銷項目的費用額度，實際銷售費用在費用額度範圍內的，根據費用

相關憑證和單據予以報銷；若有超出，超出部份從銷售人員的銷售獎勵中扣除。

4.銷售獎勵的發放

銷售獎勵隨底薪、津貼和報銷費用於每月 10 日統一發放，由於特殊原因需要延期發放的，最晚不超過 13 日，並且須由總經理審批。

5.公司支持

為便於銷售人員開拓海外市場，公司提供宣傳資料、系列產品詳細說明書等協助開展銷售工作的資料。

二、在當地市場的銷售獎勵辦法方案

1.目的

為了加速開拓××區域市場，提高銷售人員的工作熱情，達成公司年度區域市場銷售目標，特制定本方案。

2.該區域市場的特點

公司生產的其他相關產品在該區域市場的年度銷售額達到____萬元，消費客戶群達到____萬人，公司在該地區已經具有了較高的知名度和良好的信譽。

3.該區域市場銷售獎勵設計

⑴根據該區域市場的特點，對該區域市場銷售獎勵的設計如下表所示。

表 2-6-4　區域市場產品銷售獎勵設計

	月銷售量	1～19 台	20～49 台	50～79 台	80 台以上(含 80 台)
A 產品	銷售獎勵比例	70 元/台	90 元/台	110 元/台	130 元/台
	月銷售量	1～9 台	10～25 台	26～39 台	40 台以上(含 40 台)
B 產品	銷售獎勵比例	80 元/台	100 元/台	120 元/台	150 元/台

⑵對於累計 3 個月銷售數量達到 350 台以上的銷售人員,除按照規定提取相應的銷售獎勵外,一次性發放獎金 8000 元。

⑶對於累計 3 個月銷售增長率超過 30%的銷售人員(參考銷售數量不得低於 50 台),一次性發放獎金 2000 元。

4.銷售獎勵的發放

⑴銷售獎勵月核算、月發放。

⑵累計 3 個月達到銷售量和銷售增長率的獎金每季核算一次,隨下一季第一個月的月薪酬一起發放。

三、新開拓市場的銷售獎勵方案

1.××市場的銷售目標

根據對××市場的前期調研結果,該市場的潛在銷售人數達到了＿＿＿萬人,而目前該市場尚未形成穩定的競爭格局,基於此,特制定公司 A、B、C 三類產品在該市場的銷售目標:

在未來三年內,即到 2012 年年底,A、B、C 三類產品在該市

場的總銷售額達到＿＿＿萬元，其中 A 產品作為戰略產品銷售額需達到＿＿＿萬元，B 產品的銷售額達到＿＿＿萬元，C 產品的銷售額達到＿＿＿萬元。

2.××市場銷售獎勵設計

(1)月銷售獎勵的設計

根據該市場的銷售目標，對該市場月銷售獎勵的設計如下表所示。

表 2-6-5　新市場各類產品月銷售獎勵設計

設計＼產品	A 產品	B 產品	C 產品
月目標銷售量	30 台	40 台	50 台
月保底銷售量	21 台	24 台	30 台
月銷售獎勵設計	實際銷售量＜21 台時，每台提 30 元的銷售獎勵；21 台≤實際銷售量＜30 台時，超出部份每台提 35 元的銷售獎勵；實際銷售量＞30 台時，超出部份每台提 40 元的銷售獎勵	實際銷售量＜24 台，每台提 20 元的銷售獎勵；24 台≤實際銷售量＜40 台時，超出部份每台提 25 元的銷售獎勵；實際銷售量＞40 台時，超出部份每台提 30 元的銷售獎勵	實際銷售量＜30 台，每台提 18 元的銷售獎勵；30 台≤實際銷售量＜50 台時，超出部份每台提 22 元的銷售獎勵；實際銷售量＞50 台時，超出部份每台提 28 元的銷售獎勵

(2)季銷售獎勵的設計

公司每季統計各銷售人員的銷售情況，並發放季銷售獎勵，對各產品的銷售要求如下。

A 產品需完成平均每月目標銷售量的 85%，B 產品需完成平均每月目標銷售量的 65%，C 產品需完成平均每月目標銷售量的 75%。若上述三種產品中 A 產品未完成銷售量，即使其他兩種產品達到了要求，也不計發季銷售獎勵；當 A 產品達到了銷售量，其他兩種產品未達到時，每台計提 5 元的銷售獎勵；當三種產品均達到銷售量時，每台計提 8 元的銷售獎勵。

3.銷售獎勵的發放

(1)月銷售獎勵的發放

每月銷售獎勵由該市場區域經理在每月最後一個工作日前進行統計和核算後，報公司行銷副總審核簽字，經公司財務部審核通過後，由公司人力資源部隨月其他薪酬統一發放。

(2)季銷售獎勵的發放

每季銷售獎勵由該市場區域經理在每季最後一個月的 28 日前報送公司行銷總監審核簽字，經財務部審核後，由公司人力資源部隨同下一季第一個月的薪酬一起發放。

心得欄 ‥‥‥‥‥‥‥‥‥‥‥‥‥‥‥‥‥‥‥‥‥‥‥

7 不同產品的銷售獎勵方案設計

一、新產品在新市場銷售獎勵方案

1. 目的

為了激發銷售人員銷售的主動性，實現新產品在新市場的銷售目標，特制定本方案。

2. 該區域市場的特點

公司生產的其他相關產品在該區域市場的年度銷售額達到＿＿＿萬元，消費客戶群達到＿＿＿萬人，公司在該地區已經具有了較高的知名度和良好的信譽。

3. 銷售人員績效考核設計

⑴原則：以正激勵為主，以負激勵為輔。

⑵銷售人員績效考核項目

①新產品一級代理商開發的數量與品質（40%）。

②終端網點開發數量與店面生動化品質（30%）。

③考核銷售人員銷售量、銷售量增長率及日常表現（30%）。

⑶建立銷售團隊的內部競爭機制

每月對銷售團隊的綜合績效進行排名，對於排名前三位的銷售人員進行表揚和獎金激勵，對於排名後三位的銷售人員進行批評和罰款，對於連續三個月排名後三位的銷售人員將予以調崗或淘汰。

4.銷售人員的薪酬構成

銷售人員的薪酬＝銷售底薪＋績效考核工資＋銷售獎勵＋獎金

（排名獎金、季獎金、年終獎金）

5.銷售獎勵的設計

(1)月銷售獎勵額

月銷售獎勵額度＝實際完成的銷售量×銷售計劃完成率×銷售獎勵比例＝實際完成的銷售量×（實際完成的銷售量/計劃銷售量）×銷售獎勵比例

銷售獎勵比例的設計方法如下表所示。

表 2-7-1　銷售獎勵比例設計方法

銷售計劃完成率(R)	0<R<0.6	0.6≤R<0.8	0.8≤R<1.0	1.0≤R<1.2	1.2≤R<1.5	R≥1.5
銷售獎勵比例	0	0.5%	1%	2%	5%	8%

(2)季銷售獎勵設計

對於連續 3 個月的銷售計劃完成率達到 1.5(含)以上的，則下一季每月的銷售獎勵比例在現有規定的基礎上提高 1%。

(3)年度銷售獎勵設計

對於連續 12 個月的銷售計劃完成率達到 1.2(含)以上的，一次性發放獎金 50000 元。

6.銷售獎勵的發放

⑴月銷售獎勵隨月工資一起發放，發放時間為每月的 5 日。

⑵季銷售獎勵隨下一季每月的銷售獎勵一起計算和發放。

⑶年度銷售獎勵在每年的 1 月底前發放。

銷售人員在銷售過程中產生的費用，在公司規定的費用額度內的，當月報銷；超出公司規定費用額度的，從銷售人員的銷售獎勵中扣除。

二、舊產品在新市場銷售獎勵方案

1. 目的

為了推進××產品在××地區新市場的擴展工作，配合實施公司在該地區的銷售策略，提高銷售人員的銷售業績和銷售的積極性，特制定本方案。

2.××市場的特點

⑴本公司產品在同行業中居於市場領先地位，在該市場已具有一定的知名度。

⑵在××市場銷售的本公司的競爭品牌產品有五家，具體為：A 產品市場佔有率為＿＿%，B 產品市場佔有率為＿＿%，C 產品市場佔有率為＿＿%，D 產品市場佔有率為＿＿%，E 產品市場佔有率為＿＿%。

3.新市場銷售獎勵設計

⑴根據該區域市場的特點，對該區域市場銷售獎勵的設計如下表所示。

表 2-7-2　新市場產品銷售獎勵設計

	月銷售量	1～19台	20～49台	50～79台	80台以上(含80台)
甲產品	銷售獎勵額度	70元/台	90元/台	110元/台	130元/台
	月銷售量	1～9台	10～25台	26～39台	40台以上(含40台)
乙產品	銷售獎勵額度	80元/台	100元/台	120元/台	150元/台

⑵對於累計 3 個月銷售數量達到 350 台以上的銷售人員，除按照規定提取相應的銷售獎勵外，一次性發放獎金 8000 元。

⑶對於累計 3 個月銷售增長率超過 30%的銷售人員(參考銷售數量不得低於 50 台)，一次性發放獎金 2000 元。

4.銷售獎勵的發放

⑴銷售獎勵月核算、月發放。

⑵累計 3 個月達到銷售量和銷售增長率的獎金每季核算一次，隨下一季第一個月的月薪酬一起發放。

第 三 章

銷售獎勵辦法設計

1 大客戶部門的銷售獎勵方案設計

一、大客戶經理銷售獎勵方案

大客戶，英文表述是 Key Account，簡稱 KA，又稱為重點客戶、主要客戶、關鍵客戶、優質客戶等。

大客戶是指對產品(或服務)消費頻率高、消費量大、客戶利潤率高而對企業經營業績能產生一定影響的重要客戶。

在企業所有的銷售機構中，由於大客戶銷售量比較大，因此大客戶部銷售獎勵比例會相對較低，且在銷售獎勵比例設計中要遵循以下原則。

· 與企業關係密切度越低。

· 大客戶的市場開發程度越低。

· 大客戶市場開發難度越大。

· 大客戶行業影響力越大。

· 企業投入的大客戶開發成本越小。

· 企業戰略越偏向促進該大客戶發展。

· 該大客戶購買產品量增長率越高。

1. 目的

為了明確大客戶經理的銷售獎勵設計，規範大客戶經理的銷售獎勵計算和發放，特制定本方案。

2. 適用對象

本方案適用於本公司大客戶部大客戶經理的銷售獎勵計算、發放等與銷售獎勵相關的工作。

3. 銷售獎勵計算的依據和週期

⑴本方案中公司大客戶經理的銷售獎勵是按年度進行計算的。

⑵大客戶經理的銷售獎勵計算依據是本年度大客戶部的銷售總額。

4. 銷售獎勵發放程序

⑴根據《大客戶部銷售獎勵考核管理制度》相關規定，對大客戶經理在本年度內的銷售業績進行考核。

⑵根據大客戶經理銷售獎勵標準，確定大客戶經理的銷售獎勵比例，具體的銷售獎勵標準見表 3-1-1。

表 3-1-1　大客戶經理年度計提銷售獎勵比例標準對照表

銷售額（萬元）	年度增長率＞7%		年度增長率≤7%	
	利潤率	銷售獎勵比例	利潤率	銷售獎勵比例
9000以上	15%以上	0.4%	15%以上	0.35%
	10%～15%（含）	0.31	10%～15%（含）	0.24%
	10%（含）以下	0.28%	10%（含）以下	0.21%
6000～9000（含）	15%以上	0.35%	15%以上	0.3%
	10%～15%（含）	0.24%	10%～15%（含）	0.21%
	10%（含）以下	0.21%	10%（含）以下	0.18%
6000（含）以下	15%以上	0.3%	15%以上	0.25%
	10%～15%（含）	0.21%	10%～15%（含）	0.14%
	10%（含）以下	0.18%	10%（含）以下	0.11%

⑶根據相關數據計算大客戶經理的銷售獎勵，大客戶經理的銷售獎勵計算公式如下：

大客戶經理銷售獎勵＝大客戶經理本年度銷售額×對應的銷售獎勵比例

⑷依照《大客戶部銷售獎勵考核管理制度》相關規定發放大客戶經理的年度銷售獎勵。

二、大客戶部門的主管銷售獎勵方案

1. 說明

本方案適用於本公司大客戶部大客戶主管的銷售獎勵計算、發放及與銷售獎勵相關的工作。

2. 銷售獎勵設計的依據

(1)銷售獎勵比例設計依據

大客戶主管的銷售獎勵比例設計依據是計提週期內的公司大客戶主管管轄範圍內的銷售總額。

(2)銷售獎勵計算依據

大客戶主管的銷售獎勵計算依據是計提週期內的公司大客戶主管管轄範圍內的銷售回款額。

3. 銷售獎勵計算的週期

本方案中公司大客戶主管的銷售獎勵計算週期是每半年結算一次。

4. 大客戶主管銷售獎勵比例標準

公司大客戶主管每半年計提一次銷售獎勵,其銷售獎勵比例計提標準如表 3-1-2 所示。

表 3-1-2　大客戶主管半年計提銷售獎勵比例標準對照表

銷售額(萬元) (計提週期內)	完成銷售任務		未完成銷售任務	
	銷售費用率	銷售獎勵比例	銷售費用率	銷售獎勵比例
3000以上	10%(含)以下	0.95%	10%(含)以下	0.85%
	10%～16%(含)	0.8%	10%～16%(含)	0.7%
	16%以上	0.7%	16%以上	0.6%
2000～3000 (含)	10%(含)以下	0.9%	10%(含)以下	0.8%
	10%～16%(含)	0.75%	10%～16%(含)	0.65%
	16%以上	0.65	16%以上	0.5%
2000(含)以下	10%(含)以下	0.85%	10%(含)以下	0.75%
	10%～16%(含)	0.7%	10%～16%(含)	0.6%
	16%以上	0.6%	16%以上	0.5%
說明	銷售費用率是指銷售費用(快遞費、托運費、業務費等費用總和)佔總銷售額的百分比，體現公司為取得單位收入所花費的單位成本，其計算公式如下： 銷售費用率＝銷售費用/總銷售額×100%			

5.銷售獎勵計算

根據大客戶主管計提週期內的銷售額和任務完成率，對照大客戶主管產品銷售獎勵標準進行計算，其具體的計算方式如表 3-1-3 所示。

表 3-1-3 大客戶主管銷售獎勵計算示意表

銷售目標 （萬元）	舉例說明			應發銷售獎勵 （萬元）
	銷售額 （萬元）	實際回款額 （萬元）	銷售 費用率	
4000	5000	4500	8%	銷售獎勵＝4500×0.95%＝42.75
			12%	銷售獎勵＝4500×0.8%＝36
			20%	銷售獎勵＝4500×0.7%＝31.5
	3000	3000	8%	銷售獎勵＝3000×0.8%＝24
			12%	銷售獎勵＝3000×0.65%＝19.5
			20%	銷售獎勵＝3000×0.5%＝15
3000	3500	3000	8%	銷售獎勵＝3000×0.9%＝27
			12%	銷售獎勵＝3000×0.75%＝22.5
			20%	銷售獎勵＝3000×0.65%＝19.5
	1500	1400	8%	銷售獎勵＝1400×0.75%＝10.5
			12%	銷售獎勵＝1400×0.6%＝8.4
			20%	銷售獎勵＝1400×0.5%＝7
說明	1. 此處的回款額是指在本次計提週期內完成的銷售任務的回款額，不包括其他計提週期未完成的回款。 2. 對於在其他計提週期內完成銷售，但在本計提週期內完成回款的款項，其銷售獎勵計算公式為：銷售獎勵＝回款額×該項回款所屬銷售項目當期銷售額所對應的銷售獎勵比例			

三、大客戶部門的專員銷售獎勵方案

1. 目的

為了規範大客戶專員的銷售獎勵管理，鼓勵大客戶專員多開拓新業務，特制定本方案。

2. 適用範圍

⑴本方案適用於與本公司大客戶部大客戶專員按季計提的銷售獎勵計算相關的工作。

⑵回款費用率超過 5%的大客戶專員銷售獎勵計算工作不適用於本方案。

回款費用率是用來計算回款成本在回款額中所佔比重的一項指標，其計算公式如下：

回款費用率＝回款成本費用/回款額×100%

3. 銷售獎勵比例設計

公司大客戶專員按季計提銷售獎勵，其銷售獎勵比例計提標準如表 3-1-4 所示。

表 3-1-4　大客戶專員產品銷售季計提銷售獎勵比例標準表

回款額 （萬元）	新業務			老業務		
	銷售費用率	銷售獎勵比例		銷售費用率	銷售獎勵比例	
		完成 任務	未完成 任務		完成 任務	未完成 任務
1000 以上	15%（含）以下	1.8%	1.55%	10%（含）以下	1.6%	1.35%
	15%～20%（含）	1.65%	1.5%	10%～16%（含）	1.45%	1.3%
	20%以上	1.5%	1.4%	16%以上	1.3%	1.2%
600～ 1000 （含）	15%（含）以下	1.75%	1.5%	10%（含）以下	1.55%	1.3%
	15%～20%（含）	1.56%	1.41%	10%～16%（含）	1.36%	1.21%
	20%以上	1.43%	1.33%	16%以上	1.23%	1.13%
600（含 ）以下	15%（含）以下	1.7%	1.45%	10%（含）以下	1.5%	1.25%
	15%～20%（含）	1.57%	1.42%	10%～16%（含）	1.37%	1.22%
	20%以上	1.46%	1.36%	16%以上	1.26%	1.16%
說明	1. 新業務是大客戶專員自主開發的新的大客戶前三次購買本公司的產品而產生的銷售業務。 2. 本方案以本計提週期內的回款額為銷售獎勵依據。 3. 本表中的完成任務是指完成本季銷售任務，是以銷售額計算的					

4.大客戶專員的銷售獎勵計算

大客戶專員的銷售獎勵計算公式如下：

本計提週期內大客戶專員的銷售獎勵＝本計提週期完成銷售且完成回款的金額×對應的銷售獎勵比例＋在其他計提週期內完成銷售但在本計提週期內完成回款的金額×該項回款所屬銷售項目當期銷售額所對應的銷售獎勵比例。

2 大客戶部門的績效考核設計

一、大客戶部銷售獎勵考核管理制度

第1章 總則

第1條 目的

為了規範大客戶部的銷售獎勵考核行為，建立合理、公正的銷售獎勵考核秩序，加強大客戶銷售獎勵考核管理，提高大客戶部的工作積極性，特制定本制度。

第2條 適用範圍

1.本制度適用於公司對大客戶部的銷售獎勵考核管理工作。

2.本制度適用於參與大客戶部銷售獎勵考核管理的所有人員。

第3條 權責分配

1.總經理

⑴負責對大客戶經理和大客戶主管、大客戶專員的銷售獎勵考核結果進行審批。

⑵擁有銷售獎勵考核申訴的最終決定權。

2.銷售總監

⑴負責對大客戶部人員的銷售獎勵考核結果進行審核。

⑵負責銷售獎勵考核管理相關資料查閱申請的審批工作。

⑶負責對大客戶部銷售獎勵考核工作進行監督。

3.財務部

⑴向人力資源部提供與銷售獎勵相關的財務數據。

⑵根據總經理審批透過後的銷售獎勵考核結果支付銷售獎勵。

4.人力資源部

人力資源部是公司銷售獎勵考核管理工作的歸口部門，負責公司大客戶部的銷售獎勵考核管理培訓、監督實施、考核結果統計與分析、申訴處理等工作。

5.大客戶部

⑴配合人力資源部進行銷售獎勵考核管理的相關工作。

⑵組織實施部門內部的銷售獎勵考核管理工作。

第2章　考核週期與內容

第4條　考核週期

根據公司具體產品的特性，分別對大客戶部的銷售獎勵實施月考核、季考核或年度考核，其對應的考核時間如下。

1.月考核，當月考核於下月5日開始進行。

2.季考核，當季考核於下一季開始後第一個月的 5 日開始進

行。

3.年度考核，當年考核於次年 1 月 5 日開始進行。

第 5 條　考核內容

公司對大客戶部的銷售獎勵考核主要包括以下內容。

1.大客戶銷售任務的完成情況。

2.考核期內新開發大客戶的購買量。

3.考核期內老客戶的購買量。

4.考核期內大客戶銷售合約履行情況和回款情況。

5.考核期內完成大客戶銷售的費用情況。

6.考核期內大客戶銷量的同比(或環比)增長情況。

第 3 章　大客戶部銷售獎勵考核管理流程

第 6 條　大客戶經理、大客戶主管和大客戶專員分別根據各自考核期限內的銷售情況，按要求填寫「銷售獎勵申請表」。

第 7 條　各大客戶銷售人員將填寫好的「銷售獎勵申請表」交由各直屬領導審批並簽字確認。

第 8 條　大客戶部所有的「銷售獎勵申請表」必須在考核開始進行的 5 個工作日內由大客戶經理統一匯總後交至人力資源部進行銷售獎勵考核。

第 9 條　人力資源部根據大客戶部和財務部提供的相關數據以及公司銷售獎勵標準對大客戶部員工的銷售獎勵申請進行考核，並將考核結果(經銷售總監審核通過後)交由總經理審批。

第 4 章　考核結果管理

第 10 條　考核結果回饋時間

1.按月考核的,自考核開始之日算起 5 個工作日內回饋考核結

果。

2.按季考核的，自考核開始之日算起 10 個工作日內回饋考核結果。

3.按年度考核的，自考核開始之日算起 15 個工作日內回饋考核結果。

第 11 條　對考核結果採取保密措施，由人力資源部回饋到大客戶經理處，再由大客戶經理直接回饋至被考核人處。

第 12 條　考核結果被回饋至被考核人處後，如被考核人無異議，自考核結果回饋之日起 5～15 個工作日內由財務部完成銷售獎勵的支付，具體支付時間根據銷售獎勵考核週期不同而略有差異。

1.按月考核的，自考核結果回饋之日算起 5 個工作日內完成銷售獎勵的支付。

2.按季考核的，自考核結果回饋之日算起 10 個工作日內完成銷售獎勵的支付。

3.按年度考核的，自考核結果回饋之日算起 15 個工作日內完成銷售獎勵的支付。

第 13 條　銷售獎勵考核結果申訴管理

1.大客戶部員工對銷售獎勵考核結果有意見的，可在得知銷售獎勵考核結果後 5 個工作日內向人力資源部提出申訴。

2.對於超過申訴期限的大客戶部員工的申訴，公司將不予受理。

3.接到大客戶部員工的申訴信息後，人力資源部要審查銷售獎勵考核記錄和原始單據，確認銷售獎勵考核結果，做出合理的處理，並交銷售總監審核、總經理審批。

4.對於大客戶部員工關於銷售獎勵考核的申訴，人力資源部需在接到申訴之日起5個工作日內向大客戶經理和該申訴人本人回覆申訴結果。

5.申訴人對人力資源部的申訴結果存在異議的，可在接到人力資源部的申訴回覆後5個工作日內向總經理再次提起申訴。

第14條　銷售獎勵考核資料管理

銷售獎勵考核過程中的文件資料由人力資源部派專人存檔並嚴格保密，考核相關資料不可隨意公佈或提交給他人，如有需要須經人力資源部經理審核、銷售總監審批通過後方可借閱。

第5章　附則

第15條　本制度由公司人力資源部編制，解釋權歸人力資源部所有。

第16條　本制度自頒佈之日起開始執行。

二、大客戶部績效考核實施細則

第1章　總則

第1條　目的

為了促進大客戶部績效考核的有效實施，提高大客戶部績效考核實施的效率和規範性，特制定本實施細則。

第2條　適用範圍

本細則適用於公司對大客戶部的績效考核工作。

第3條　考核原則

1.公正、公平、公開原則

大客戶部績效考核的方式、標準、結果等要如實向部門公開，考核過程要保持公正與客觀。

2.定量考核與定性考核相結合的原則

大客戶部的考核指標由定量指標和定性指標構成，既要有定性的分析，又要有定量的計算，並將二者很好地結合起來，以全面考核大客戶部的工作績效。

3.結果回饋原則

考核人員要及時將考核結果回饋給大客戶部，並應當對考核結果進行適當的解釋說明，使考核結果能夠得到大客戶部人員的認可，從而積極改進大客戶部的銷售工作。

第2章　大客戶部績效考核實施人員和時間安排

第 4 條　人力資源部組建專門的大客戶部績效考核小組對大客戶部相關人員進行考核。

第 5 條　大客戶部績效考核小組由銷售總監、人力資源部經理和績效專員組成。

第 6 條　考核週期及其應用

1.月考核，於次月 10 日前進行，其結果作為大客戶部員工薪資發放的依據。

2.季考核，於該季結束後的下月 10 日內進行，其結果將被運用到大客戶部季獎金的發放和大客戶部員工的年終考核當中。

3.年度考核，於次年的 1 月 15 日之前進行，其結果將被運用到大客戶部年終獎金的發放和大客戶部員工的年終考核當中。

第 3 章　大客戶部績效考核指標和評分說明

第 7 條　大客戶經理績效考核內容和指標說明

對大客戶經理的績效考核從定量指標和定性指標兩個方面考慮，主要考核其工作績效和管理能力，滿分為 100 分，其權重設置分別為工作績效 65%、管理能力 35%，具體如表 3-2-1 所示。

表 3-2-1　大客戶經理績效考核表

考核項目	考核指標	單項滿分	評價標準
工作業績	銷售目標完成率	25分	1. 銷售目標完成率＝實際銷售額/計劃銷售額×100%； 2. 考核標準為＿＿%，得滿分，比考核標準每高＿＿%，加＿＿分； 3. 比考核標準每低＿＿%，減＿＿分；低於多少，該項考核記為0
	大客戶維護費用節省率	10分	1. 大客戶維護費用節省率＝（維護費用預算－實際費用）/維護費用預算×100%； 2. 維護費用預算節省率達到目標值的＿＿%，得滿分； 3. 比目標值每提高＿＿%，加＿＿分； 4. 比目標值每降低＿＿%，減＿＿分
	大客戶流失率	10分	1. 大客戶流失率等於目標值的＿＿%,得滿分； 2. 比目標值每降低＿＿%,加＿＿分,最高＿＿分； 3. 比目標值每提升＿＿%,減＿＿分；高於多少,該項考核記為0
	部門費用預算達成率	5分	1. 部門費用預算達成率等於目標值的＿＿%,得滿分； 2. 比目標值每降低＿＿%,加＿＿分,最高為多少分； 3. 比目標值每提升＿＿%,減＿＿分,高於多少%,該項考核記為0
	開發目標大客戶的數量	10分	1. 開發目標大客戶的數量達＿＿戶為目標值,得＿＿分； 2. 每增加1戶,加＿＿分； 3. 每減少1戶,減＿＿分,低於＿＿戶,該項考核記為0

續表

工作業績	部門培訓計劃完成率	5分	1. 培訓計劃完成率＝完成培訓計劃量/規定的培訓計劃量×100%； 2. 考核標準為___%，得滿分，每低___%，減___分； 3. 每高___%，加___分，最高為___分
管理能力	大客戶投訴解決率	5分	1. 大客戶投訴解決率應達到___%，每低1%，減___分，低於___%，該項考核記為0分； 2. 每高1%，加___分
	核心員工保有率	5分	核心員工保有率應達到___%，每低1%，減___分
	下屬行為管理	5分	下屬有無違反公司規章制度的重大行為，每發生1例，減___分
	大客戶資料提交及時性	5分	1. 由相關部門負責人評定； 2. 沒按時提交的情況每出現1次，減___分
	合作部門滿意度	5分	1. 透過相關部門負責人的滿意度評分進行評定； 2. 合作部門負責人評分的平均值應達到幾分，每低1分，減___分，最低___分； 3. 每高1分，加___分，最高___分
	滿意度	5分	1. 透過滿意度調查進行評分； 2. 滿意度評分的平均值應達到___分，為目標值； 3. 達到目標值為滿分，每低1分，減___分；每高1分，加___分，最高___分
	員工滿意度	5分	1. 透過員工滿意度調查進行評分； 2. 員工滿意度評分的平均值應達到___分，為目標值； 3. 達到目標值為滿分，每低1分，減___分，最低為0分； 4. 每高1分，加___分，最高為___分

第8條　大客戶主管績效考核內容和指標說明

對大客戶主管的考核，主要包括工作業績、工作能力、工作態

度三個部份，滿分為 100 分，其權重設置分別為工作業績 60%、工作能力 20%、工作態度 20%，即工作業績滿分為 60 分、工作能力滿分為 20 分，工作業績滿分為 20 分，其具體評價標準見表 3-2-2。

表 3-2-2　大客戶主管績效考核表

考核項目	考核指標	單項滿分	評價標準	評分
工作業績	主管部門銷售目標完成率	15分	1. 銷售目標完成率＝實際銷售額/計劃銷售額×100%； 2. 考核標準為___%，得滿分；每高___%，加___分； 3. 每低___%，減___分；低於___%，該項考核記為0分	
	大客戶投訴解決速度	10分	1. 考核期內解決客戶投訴的平均時間； 2. 考核標準為平均___小時/起； 3. 超過___小時/起，該項考核記為0分	
	大客戶回款率	15分	1. 大客戶回款率＝回收的銷售款額/銷售收入總量×100%； 2. 考核標準為100%，每低___%，扣除該項___分	
	客戶滿意度	5分	1. 透過問卷調查，接受調查的大客戶對其服務品質、服務態度等各個方面進行滿意度評分，並計算所有大客戶評分的算術平均值； 2. 客戶滿意度評分的平均值達到___分，得滿分；每低___分，減___分；每高___分，加___分	
	開發大客戶數量	10分	1. 將現有普通客戶每提升為1個大客戶，加___分； 2. 每開發1個新的大客戶，加___分	
	培訓計劃完成率	5分	1. 培訓計劃完成率＝完成培訓量/規定的培訓計劃量×100%； 2. 考核標準為___%，得滿分，每低___%，減___分 3. 每高___%，加___分	

續表

工作 能力	大客戶 關係管理 能力	10分	1. 大客戶資料的整理、歸檔及維護情況； 2. 每丟失一個大客戶資料，扣__分	
	創新能力	5分	1. 對大客戶服務內容的改進； 2. 每增加一項有特色的服務內容，加分	
	溝通能力	5分	1. 能較清晰地表達自己的思維和想法得2分； 2. 有一定的說服能力得3分； 3. 能有效地化解矛盾得4分； 4. 能靈活運用多種談話技巧和他人進行溝通得5分	
工作態度	考勤考紀	5分	1. 考核期間出勤率達到100%，得滿分，每遲到一次扣1分； 2. 考核期間累計遲到3次（包括3次）以上者，該項考核得0分	
	服務態度	5分	1. 主要是對內外部客戶的服務態度； 2. 每接到客戶一次態度不好的投訴，扣1分； 3. 考核期間累計被投訴3次（包括3次）以上者，該項考核得0分	
	工作 責任心	5分	1. 工作馬虎，不能保質、保量地完成工作任務且工作態度極不認真，得0分； 2. 自覺地完成工作任務，但對工作中的失誤有時推卸責任，得2分； 3. 自覺地完成工作任務且對自己的行為負責，得3分； 4. 除了做好自己的本職工作外，還主動承擔公司內部額外的工作，得5分	
	學習意識	5分	1. 學習意識差，得0分； 2. 學習意識較強，得2分； 3. 學習意識強，得3分； 4. 學習意識極強，得5分	

第 9 條　大客戶專員績效考核內容和指標說明

對大客戶專員的考核，同樣包括工作業績、工作能力、工作態度三個部份，滿分為 100 分，其具體評價標準見表 3-2-3。

表 3-2-3　大客戶專員績效考核表

考核項目	考核指標	單項滿分	評價標準	評分
工作業績	個人銷售目標完成率	15分	1. 個人銷售目標完成率＝實際銷售額/計劃銷售額×100%； 2. 考核標準為___%，得滿分，每高___%，加___分； 3. 每低___%，減___分；低於___%，該項考核記為0分	
	大客戶投訴次數	10分	1. 考核期內，大客戶的投訴次數考核標準為___次； 2. 每少1次，加___分；每增加1次，減___分； 3. 超過___次，該項考核記為0分	
	大客戶回訪率	10分	1. 大客戶回訪率＝回訪的大客戶數量/規定回訪的大客戶數×100%； 2. 考核標準為100%，每低___%，減___分	
	大客戶滿意度	10分	1. 透過問卷調查，接受調查的大客戶對其服務品質、服務態度等各個方面進行滿意度評分，計算所有大客戶評分的算術平均值，考核標準為___分； 2. 每低___分，減___分；每高___分，加___分	
	開發大客戶數量	10分	1. 將現有普通客戶每提升為1個大客戶，加___分； 2. 開發1個新的大客戶，加___分	
	培訓參加率	5分	1. 培訓參加率＝參加培訓的次數/規定的培訓次數×100%； 2. 考核標準為___%，得滿分，每低___%，減___分； 3. 每高___%，加___分	

續表

工作能力	調查能力	5分	每搜集1條大客戶的有效信息,加___分	
	創新能力	5分	1.對大客戶服務內容的改進; 2.每增加一項有特色的服務內容,加___分	
	專業技能	5分	1.瞭解大客戶維護、開發等工作,得2分; 2.熟悉本行業及本公司大客戶維護、開發,得3分; 3.掌握本崗位所具備的專業知識,得4分; 4.熟練掌握業務知識及其他相關知識,得5分	
	語言表達能力	5分	1.能較清晰地表達自己的思維和想法,得2分; 2.有一定的說服能力,得3分; 3.能有效地化解矛盾,得4分; 4.能靈活運用多種談話技巧和他人進行溝通,得5分	
工作態度	工作積極性	5分	1.考核期間出勤率達到100%,得滿分,每遲到1次扣2分; 2.考核期間,累計遲到3次或3次以上者,該項得分為0	
	服務態度	5分	1.主要是對內外部客戶的服務態度; 2.每接到客戶1次針對服務態度不好的投訴,扣___分	
	工作責任心	5分	1.工作馬虎,不能保質、保量地完成工作任務且工作態度極不認真,得0分; 2.自覺地完成工作任務,但對工作中的失誤有時推卸責任,得2分; 3.自覺地完成工作任務並對自己的行為負責,得3分; 4.除了做好自己的本職工作外,還主動承擔公司內部額外的工作,得5分	
	團隊意識	5分	由於個人原因延遲團隊工作的完成,扣___分	

第 4 章　　績效考核實施程序

第 10 條　根據大客戶部相關員工的實際工作表現，由人力資源部組建相關的評審小組，按照績效考核表上要求考核的內容對相關員工進行考核。

第 11 條　人力資源部將考核結果於考核結束後 3 日內報人力資源總監審核、總經理審批。

第 12 條　人力資源部於審批結束後 5 個工作日內將考核結果回饋給被考核者，並就相關問題與被考核者進行績效面談。

第 13 條　經過績效面談後，如被考核者對考核結果存在異議可於面談結束後 3 個工作日內向審核小組提出申訴。

第 5 章　　考核結果管理

第 14 條　績效考核結果可分為五等，如表 3-2-4 所示。

表 3-2-4　　績效考核結果分級表

等級	優	良	中	可	差
得分 (X)	$90 \leqslant X$	$80 \leqslant X < 90$	$70 \leqslant X < 80$	$60 \leqslant X < 70$	$X < 60$

第 15 條　根據大客戶部各員工的考核結果，依據公司相關的人事制度，公司對相關員工進行薪資發放以及對其職級或薪資進行相應的調整。

第 6 章　　附則

第 16 條　本細則由公司人力資源部編制，解釋權歸人力資源部所有。

第 17 條　本細則自頒佈之日起開始執行。

3 各種銷售獎勵核算辦法

一、項目銷售獎勵核算辦法

第 1 條　目的

為了明確項目銷售獎勵核算標準、方法和程序，規範銷售獎勵核算工作，特制定本辦法。

第 2 條　適用範圍

本辦法適用於公司所有項目的銷售獎勵核算工作。

第 3 條　權責劃分

公司財務部和人力資源部負責項目銷售獎勵核算工作。

第 4 條　項目銷售獎勵核算程序包括確定項目利潤總額、確定調整係數、確定個人係數、確定個人銷售獎勵係數四個步驟。

第 5 條　確定項目利潤總額

1.項目利潤總額＝項目總收入－公司承擔的項目成本（項目人員人力成本及變動成本）。

2.部份項目銷售獎勵可直接按項目總收入計提，但必須經總經理審核批准。

第 6 條　確定銷售獎勵比例調整係數

1.為防止項目銷售獎勵發放超支，可以先確定項目利潤或項目總收入的基準銷售獎勵比例，並根據不同項目的特點，通過項目影

響因素制定不同的銷售獎勵比例調整係數，計算公式如下。

項目銷售獎勵＝項目利潤總額×基準銷售獎勵比例×銷售獎勵比例調整係數

　　2.基準銷售獎勵比例按照項目的實際情況來設定，一般為 20%
～40%。銷售獎勵比例調整係數是運用項目影響因素，從重要性、
利潤率、管理難度以及外部協調的複雜度四個方面對項目進行評
價，主要是對影響因素設定不同的權重，具體如下所示。

表 3-3-1　　銷售獎勵比例調整係數表

影響因素	權重	說明	調整係數
項目重要性	20%	屬於常規業務項目	1.0
		屬於比較重點的業務項目	1.2
		屬於重點開展業務項目	1.4
項目目標利潤率	30%	項目目標利潤率＜10%	1.0
		10%≤項目目標利潤率＜20%	1.2
		項目目標利潤率＞20%	1.4
項目管理難度	40%	很少需要技術創新	1.0
		需要技術創新	1.3
		必須進行管理和技術創新	1.5
外部協調複雜程度	10%	外部單位比較支援	1.0
		外部溝通不暢，項目運作存在較多客觀障礙	1.2

註：公司對不同項目各影響因素的影響程度進行評分，再結合各因素權重，
　　計算出每個項目的銷售獎勵比例調整係數。

　　3.例如，某項目在 2008 年的目標利潤為 4000 萬元，實際利
潤為 4500 萬元，目標利潤率介於 10%到 20%之間，該項目的基準
銷售獎勵比例為 30%；該項目受到行業內的高度關注，項目管理難

度很大；項目投資環境很好。

公司相關人員對該項目的重要性、項目目標利潤率、相關管理難度、外部協調的複雜程度四個因素進行評分，得分分別為 1.4、1.2、1.5 和 1.0，權重分別為 20%、30%、40%和 10%，該項目的銷售獎勵比例調整係數計算公式如下。

該項目的銷售獎勵比例調整係數＝$1.4 \times 20\% + 1.2 \times 30\% + 1.5 \times 40\%$

$+ 1.0 \times 10\% = 1.34$

項目利潤銷售獎勵額＝項目利潤總額×基準銷售獎勵比例×銷售獎勵

比例調整係數＝$4500 \times 30\% \times 1.34 = 1809$ 萬元

第 7 條　確定個人係數

根據不同職務及其所承擔責任的差異來設定個人係數。個人係數應反映不同崗位、不同職能的人員對項目運作的不同影響，充分體現個人貢獻。項目組個人係數如下表所示。

表 3-3-2　項目組個人係數表

職務	個人係數
項目經理	1.0
項目成員	0.7
項目支持人員	0.5

第 8 條　確定個人銷售獎勵係數

1. 個人銷售獎勵係數＝某個人係數÷$\sum$（該項目所有涉及人員係數）

2. 個人銷售獎勵基數＝項目銷售獎勵總額×個人銷售獎勵係數

第 9 條　由於各項目在管理成本的投入和獲得回報之間需要有一個平衡，可以在以上項目銷售獎勵分配思路的基礎上做適當的調整。

第 10 條　本辦法自發佈之日起執行，解釋權歸公司所有。

二、業務銷售獎勵核算辦法

第 1 條　為了規範公司業務銷售獎勵核算工作，明確銷售人員業務銷售獎勵核算標準和方法，特制定本辦法。

第 2 條　銷售管理組織設計

1. 公司銷售工作由銷售總監帶領銷售部完成。

2. 銷售部設置銷售部經理、銷售助理、銷售主管和銷售代表。

3. 銷售部負責公司全部產品的市場調查、信息收集、銷售、客戶維護，並配合施工、技術部門做好工程施工和售後服務工作。

第 3 條　銷售人員工作職責

1. 銷售部經理負責主持銷售部全面工作，其職責如下：

(1)根據公司年度銷售計劃和市場拓展任務，制訂本部門銷售計劃；

(2)負責培訓、管理本部門銷售人員，協調與其他部門的工作；

(3)檢查、督促本部門全體人員完成銷售任務。

2. 銷售助理職責

(1)協助銷售部經理開展工作，根據銷售部經理指令完成各項工作。

(2)制訂市場拓展、調查、宣傳計劃，製作報價單、標書、工程

預算等。

⑶組織、調度、協調銷售部各項工作，並根據銷售部經理的安排完成公司重大業務跟單。

3.銷售主管（區域經理）是銷售部或區域銷售負責人，負責本區域內的全部市場開發與維護工作，具體職責如下：

⑴負責本區域內的市場銷售和客戶維護、市場調查、信息收集工作；

⑵管理本區域銷售代表，配合公司有關部門協調本區域內代理商和合作夥伴工作；

⑶配合公司工程和售後服務部門做好本區域內的工程施工、售後服務等工作。

4.銷售代表職責

在銷售主管的帶領下，完成下達的銷售任務。

第 4 條　銷售人員基本工資及銷售獎勵規定

1.銷售代表試用期基本工資為 800 元，試用期結束或終止時一次性結算，業務銷售獎勵 4%。差旅費用實行包乾：長途交通費實報實銷，出差補貼縣區 50 元/天，省轄市 100 元/天，外省按上述標準上浮 40%。特殊情況另行報批。駐外人員未離開駐地不享受補貼（下同）。

2.銷售助理基本工資為 1000 元，崗位津貼 300 元，實現個人銷售業績銷售獎勵 4%，跟單銷售獎勵 1%；差旅費用與銷售代表相同。銷售助理的跟單業績不計入其他人員的銷售業績，只計入部門業績。銷售助理協助他人跟單，其費用和銷售獎勵由受益人按標準支付。

3.銷售主管（區域經理）享受年薪，年薪標準為 10 萬元，其中 7 萬元與個人業績掛鈎，3 萬元為崗位津貼，與職責掛鈎。

4.部門經理享受年薪，年薪標準為 20 萬元。其中 10 萬元與個人業績掛鈎，7 萬元與部門業績掛鈎，3 萬元為崗位津貼，與職責掛鈎。

5.銷售主管（區域經理）、部門經理實現個人銷售業績按 3%銷售獎勵，管理業績按 1%銷售獎勵（個人業績和管理業績不重覆計算，下同）。經營管理費用（含差旅費 40%、招待費 40%、通信費 20%）按管理業績額的 2%核銷，不再報銷差旅費和其他費用。

6.銷售總監享受年薪，年薪標準為 50 萬元。其中 30 萬元與部門業績掛鈎，20 萬元為崗位津貼，與職責掛鈎。銷售總監實現個人業績按 3%銷售獎勵，經營管理費用實報實銷。

7.銷售主管（區域經理）、部門經理、銷售總監未完成年銷售目標，領取與業績掛鈎年薪的實際完成銷售業績與銷售目標的百分比。

8.銷售人員超額完成個人年度銷售計劃，其超額部份不計入核算業績，按超額部份的 6%予以獎勵。部門（主管）業績超額，其主管經營管理費用按超額部份的 5%核銷。公司超額完成年銷售計劃，按超額部份的 5%獎勵銷售總監。

第 5 條　　公司根據市場情況按年度制訂公司和各部門的銷售計劃與市場拓展計劃。銷售主管和區域經理的年度銷售目標由部門根據公司年度銷售計劃分配。

第 6 條　　銷售業績核算方法

1.個人和部門的業績均以有效核算業績為準。有效業績為以等

於或高於公司確定的業務指導價格銷售產品而來的業績。

2.銷售人員必須按照公司確定的業務指導價格銷售，未經批准不得低於業務指導價格銷售產品。經批准低於業務指導價銷售的，按實際下浮比例×1.5相應核減其業績額。未經批准的，不計入個人和部門核算業績，只享受相應的業務銷售獎勵。任何人未經批准不得高於市場指導價格銷售產品。

3.工程項目中所有微利輔材不計算個人和部門的業務銷售獎勵、經營管理費用銷售獎勵，但列入合約的項目計入個人核算業績，僅與年薪掛鈎。售後服務費用均不計入個人核算業績，不計銷售獎勵費用。

4.有效業績在合約貨款回收達到80%時方予核算，並按回款的相同比例核發各種銷售獎勵、費用。

第7條　業務管理辦法

1.所有銷售實行行業或區域管理，任何人未經批准不得跨行(區)開展業務。

2.銷售管理實行一條龍管理，即銷售人員對目標客戶實行跟蹤、簽約、實施、回款、售後服務的回訪、協調全程責任制。

3.銷售人員應與目標客戶保持密切、經常、有效的聯絡和溝通，因銷售人員的原因(如信息不暢、溝通失策等)導致業務丟失的，公司將追究其責任。

4.完成年度銷售計劃不足50%或不適應現崗位工作的，公司將予以降職或解聘。

5.銷售人員不得向公司隱瞞客戶資料和業務信息，不得向無關人員洩露公司銷售機密和客戶信息，不得串搶其他部門和人員的業

務。

6.公司和部門有權要求銷售人員提供客戶和業務信息，並有責任協助銷售人員開展業務。對於工作不力的銷售人員，公司有權調換。

第 8 條　本辦法中未涉及的事項另行確定，公司其他制度中與本辦法有衝突的，以本辦法為準。

第 9 條　公司有權根據實際情況修改本核算辦法。本辦法解釋權歸公司所有。

三、利潤銷售獎勵核算辦法

第 1 條　目的

1.明確銷售人員按利潤設計銷售獎勵的辦法。

2.避免產生銷售獎勵爭議。

第 2 條　適用範圍

本辦法適用於公司低利潤的產品。

第 3 條　權責關係

1.銷售部負責提交銷售人員的銷售業績。

2.人力資源部負責核算銷售人員的銷售獎勵額度。

3.財務部負責審核銷售業績和銷售獎勵額度。

第 4 條　銷售人員工資構成＝底薪＋銷售獎勵。

第 5 條　按利潤設計的銷售獎勵比例如下表所示。

表 3-3-3　按利潤設計的銷售獎勵比例表

毛利潤額度（月）	銷售獎勵比例
100 萬元以下	1%
100 萬（含）～300 萬元	2%
300 萬（含）～500 萬元	3%
500 萬（含）元以上	5%

註：利潤額度以財務部核算為準，銷售毛利潤額度＝銷售收入－銷售成本。

第 6 條　銷售獎勵核算方法

銷售獎勵核算公式如下：

銷售獎勵＝有效回款額×銷售獎勵比例

其中，有效回款額＝回款額－直接成本，直接成本＝銷售人員費用＋支持給第三方的費用（第三方的佣金等）。

第 7 條　銷售獎勵核算程序

1.銷售部於每月月末統計每個銷售人員的銷售業績，提交人力資源部核算銷售獎勵。

2.財務部負責統計當月實際銷售回款額，並計算相應的利潤額和有效回款額。

3.人力資源部根據財務部核算的有效回款額、利潤額，參照銷售部提交的銷售人員銷售業績，核算每個銷售人員的銷售獎勵額度。

4.人力資源部製作銷售人員銷售獎勵表，提交審核批准。

5.財務部於工資發放日發放相應銷售獎勵。

第 8 條　財務部應公正、公平、公開地核算銷售利潤額和有效

回款額。

第 9 條　銷售人員對銷售獎勵有異議時，及時通知上級主管，由上級主管負責解釋；若確實存在問題，應提交人力資源部解決，人力資源部應及時與財務部協商解決。

第 10 條　本辦法須經公司總經理審核批准。

第 11 條　本辦法自＿＿＿＿年＿＿＿＿月＿＿＿＿日起執行。

四、成本銷售獎勵核算辦法

第 1 條　目的

為了明確成本銷售獎勵核算標準和方法，特制定本辦法。

第 2 條　適用範圍

本辦法適用於公司採用成本銷售獎勵的銷售人員的銷售獎勵核算工作。

第 3 條　成本銷售獎勵核算的要點是採用直接成本還是間接成本進行銷售獎勵核算。

1. 直接成本主要是指生產費用發生時，能直接計入某一成本計算對象的費用，主要包括生產經營過程中所消耗的原材料、備品配件、外購半成品、生產工人計件工資等。

2. 間接成本主要包括公司的管理費用、財務費用和銷售費用。管理費用和銷售費用是公司在經營過程中所產生的費用。銷售費用主要是指產品在銷售過程中所產生的費用。

第 4 條　按成本設計銷售獎勵比例及核算方法如下表所示。

表 3-3-4　銷售獎勵比例及核算方法表

銷售獎勵比例欄	
銷售業績（月）	銷售獎勵比例
100 萬元以下	10%
100 萬（含）～300 萬元	15%
300 萬（含）～500 萬元	20%
500 萬（含）元以上	25%
核算方法欄	
1. 直接成本核算方法銷售獎勵額度＝（銷售收入－直接成本）×銷售獎勵比例，其中，直接成本以公司財務部核算為準。	
2. 間接成本核算方法銷售獎勵額度＝（銷售收入－間接成本）×銷售獎勵比例，其中，間接成本是指銷售費用、財務費用和管理費用的總和。	
3. 兩者結合的核算方法銷售獎勵額度＝（銷售收入－直接成本）×銷售獎勵比例－間接成本×a%（a%根據公司實際情況設定）	
4. 直接成本核算方法和間接成本核算方法的銷售獎勵比例可以根據實際情況進行調整，兩者銷售獎勵比例可以相同，也可以不相同。	

　　第 5 條　　按成本核算銷售獎勵比較麻煩，對相關數據要求比較高，因此在設定銷售獎勵比例時，應提前明確成本包含的項目，以免產生銷售獎勵糾紛。

　　第 6 條　　本辦法須經公司總經理審核批准。

　　第 7 條　　本辦法自＿＿＿年＿＿＿月＿＿＿日起執行。

五、合約銷售獎勵核算辦法

第 1 條　目的

1. 促使實現年度銷售目標，加大市場輻射範圍，提升銷售人員的自身價值，提高績效薪酬。

2. 激發銷售人員的工作熱情以及主動積極的工作態度。

第 2 條　適用範圍

本辦法適用於公司產品的銷售和整體工程的銷售。

第 3 條　權責關係

1. 銷售部負責統計銷售人員的銷售業績。

2. 人力資源部負責核算銷售人員的銷售獎勵額度。

3. 財務部負責核算銷售合約額和項目利潤率。

第 4 條　銷售人員工資構成：基本工資＋補助＋銷售獎勵。

1. 基本工資，公司根據銷售人員的實際工作經驗、工作能力等的劃分享有不同的基本工資標準。

2. 補助主要包括行車補助和公關補助。

⑴行車補助。銷售人員自有車輛，按公司車輛補助管理辦法執行；銷售人員使用公交和計程車輛，記入銷售人員差旅費用。

⑵公關補助。銷售人員享受公司出差補助管理辦法中的公關補助。

第 5 條　銷售獎勵結算時間

銷售年度結束後進行銷售獎勵結算工作。

第 6 條　銷售獎勵比例設計

按合約設計的銷售獎勵比例如下表所示。

表 3-3-5　按合約設計的銷售獎勵比例表

年度總銷售額（萬元）	銷售產品合約銷售獎勵比例	工程合約銷售獎勵比例	
		工程利潤率 N	銷售獎勵比例
500（含）～1500	4%	N≤5%	2%
		5%＜N≤8%	2.5%
		8%＜N≤12%	2.8%
		12%＜N≤16%	3%
		16%＜N≤20%	3.5%
		N＞20%	4%
1500（含）～3000	6%	5%＜N≤8%	5%
		8%＜N≤12%	5.3%
		12%＜N≤16%	5.6%
		16%＜N≤20%	6%
		N＞20%	6.5%
3000～5000	8%	5%＜N≤8%	7%
		8%＜N≤12%	7.4%
		12%＜N≤16%	7.8%
		16%＜N≤20%	8%
		N＞20%	8.5%
5000（含）以上	10%	5%＜N≤8%	8.8%
		8%＜N≤12%	9%
		12%＜N≤16%	9.3%
		16%＜N≤20%	9.8%
		N＞20%	10%

第 7 條　　銷售獎勵核算方法

1. 合約款項一次性支付時，銷售獎勵按銷售或工程合約總額計提。

2. 合約款項分次支付時，銷售獎勵按合約規定的每次支付額度計提。

第 8 條　　銷售獎勵核算程序

1. 每年年末財務部統計銷售合約額，並計算項目合約的項目利潤率。

2. 人力資源部依照銷售獎勵比例表核算每個銷售部門及銷售人員的銷售獎勵額度。

3. 銷售獎勵經相關領導審核批准後予以發放。

第 9 條　　銷售獎勵以簽訂正式銷售產品或工程合約，並收取定金或首付款為準。

第 10 條　　銷售人員對銷售獎勵有異議時，及時通知上級主管，由上級主管負責解釋；若確實存在問題，應提交人力資源部解決，人力資源部應及時與財務部協商解決。

第 11 條　　本辦法須經公司總經理審核批准。

第 12 條　　本辦法自＿＿＿＿年＿＿＿＿月＿＿＿＿日起執行。

六、價格銷售獎勵核算辦法

第 1 條　　為了明確銷售產品價格的銷售獎勵標準，規範銷售獎勵核算工作，特制定本辦法。

第 2 條　　公司常規產品和非標產品的銷售獎勵核算均遵照本

辦法。

第 3 條　常規產品的價格以價格表折算,具體的銷售獎勵比例如下。

1. 特價品(不含稅)銷售獎勵 2%。

2. 5 折以下產品(不含稅)銷售獎勵 2%。

3. 5 折(含)～　4 折產品(不含稅)銷售獎勵 3%。

4. 5.5 折(含)～　9 折產品(不含稅)銷售獎勵 4%。

5. 以此類推至原價。

第 4 條　非標產品以工廠報價為準,具體銷售獎勵比例如下。

1. 按工廠報價出售的(不含稅),提 2%。

2. 超出工廠報價 5%(不含稅)的,另加 1%,即提 3%。

3. 超出工廠報價 10%(不含稅)的,另加 2%,即提 4%。

4. 超出工廠報價 15%(不含稅)的,另加 3%,即提 5%。

5. 以此類推。

6. 工廠報價是工廠報給銷售部的實際價格,內容包括原材料費用、工廠人員工資、工廠資產折舊、工廠稅收、工廠毛利率,不計算集團其他部門的費用、稅金、毛利率。

第 5 條　銷售獎勵的核算

1. 銷售獎勵核算基數為銷售回款額,即銷售獎勵＝回款額×銷售獎勵比例。

2. 以見底價出售給經銷商的常規產品和非標產品,銷售獎勵統一為 1%。

3. 高於見底價出售的產品,按正常的銷售獎勵比例計算。

4. 在管轄區域範圍內,每次經銷商所訂購的產品回款,銷售獎

勵均歸辦事處所有。例如，辦事處開發的經銷商長年與我公司發生業務，幾乎每月都有幾萬元回款。每次的回款均按銷售獎勵比例提取給辦事處，直到此經銷商終止與我公司合作為止。

5. 在管轄的區域以外發展的經銷商、代理商，分三個月移交給區域管理者。第一個月由跨區域者銷售獎勵 100%；第二個月由跨區域者銷售獎勵 75%，區域管理者銷售獎勵 25%；第三個月由跨區域者銷售獎勵 50%，區域管理者銷售獎勵 50%，第四個月移交完畢。

6. 在管轄區域以外發展的經銷商、代理商且公司未在該地區開設辦事處的，所發展的客戶仍歸跨區域管理者所有。

7. 兩個區域聯繫到同一單業務，應及時向銷售公司總經理彙報，由銷售公司總經理視雙方與客戶關係的程度決定雙方協作方案及銷售獎勵比例。公司絕不允許雙方因意見不合而放棄業務，一經發現必將重罰。

8. 有質保金的單子，合約執行完畢而質保金到期沒能收回，將追究此單銷售獎勵者的責任，扣罰其當月工資。因客觀因素無法收回質保金的，此單銷售獎勵者應盡早向銷售公司總經理彙報，以便及時處理。如果此單銷售獎勵者中途離開公司，由公司安排人員繼續跟蹤收回質保金，並承擔相應的責任。

第 6 條　常規產品的費用處理方式

1. 常規產品的合約成交折數，除掉稅金、仲介費、運輸費（加保險）等於實際銷售獎勵折數。例如，合約金額為 100 萬元，按價格表 7 折供應，但對方要求開稅票，仲介費 3 萬元，運輸費 3 萬元。計算銷售獎勵的方式為 7 折 － 6%（稅金）－ 3%（仲介費）－ 3%（運費）＝ 5.8 折，銷售獎勵比例為 4%。

2. 5 折以下費用由公司承擔,銷售獎勵為 2%。

第 7 條　非標產品的費用處理方式

1.按工廠報價成交的,其中的稅金、仲介費、運輸費由公司承擔,銷售獎勵為 2%。高出工廠報價部份,除掉稅金、仲介費、運輸費等於實際銷售獎勵折數。例如,合約金額為 100 萬元,以高出工廠報價 15%出售,但對方要求開稅票,仲介費 2 萬元,運輸費 2 萬元。計算銷售獎勵的方式為 115%－6%(稅金)－2%(仲介費)－2%(運費)＝105%,銷售獎勵比例為 3%。

2.在交易中既出現常規產品又出現非標產品,既有見底價又有其他價格,其費用處理方式為先計算各自的銷售獎勵比例,再計算費用分攤比率。

例如,在交易中既有非標產品又有常規產品的,其中一項金額超過 2 萬元的,會計應分類核算以示公正。如某交易成交額為 20 萬元,非標產品佔了 18 萬元(見底價),2 萬元為常規產品(7 折出售)。此常規產品的銷售獎勵應該根據實際成交價的折數來計算銷售獎勵;相反,非標產品的計算方式也是如此。其中公司支出了 1 萬元費用,計算方式為 18 萬元佔總回款的 90%,承擔費用 90%為 9000 元,2 萬元佔總回款的 10%,承擔費用 10%為 1000 元。

3.在公司規定範圍內免費送貨上門的,在銷售獎勵中不計算運輸費。給客戶代辦運輸的,在銷售獎勵中不再計算運輸費。

第 8 條　本辦法經公司總經理審核批准後自＿＿＿年＿＿＿月＿＿＿日起執行。

七、團隊銷售獎勵核算辦法

第 1 條　目的

1.注重銷售人員個人業績，更強調銷售團隊業績。

2.使個人業績與公司整體目標全面達成一致。

3.建立梯隊化銷售團隊，鼓舞士氣。

第 2 條　適用範圍

本公司所有銷售團隊及個人在提取相應銷售獎勵時，均需遵守本辦法。

第 3 條　權責關係

1.銷售團隊負責核算本團隊銷售業績。

2.人力資源部負責按照本辦法核算銷售團隊及銷售人員的銷售獎勵，並編制銷售獎勵表。

3.銷售獎勵表經相關領導審核批准後交財務部於規定時間內發放。

第 4 條　銷售團隊成員的工資＝基本工資＋個人銷售獎勵＋通信費＋交通費＋團隊銷售獎勵分配。

第 5 條　銷售團隊銷售獎勵核算

1.銷售團隊業績每月達到公司下達的銷售目標，業績超過部份按 5%提取團隊銷售獎勵。

2.未達到銷售目標，則不提團隊銷售獎勵。

3.銷售團隊按以上規定提取團隊銷售獎勵後，由銷售團隊主管根據各銷售人員的工作表現情況與業績完成情況公正、公平、公開

地分配至每個銷售人員，分配結果報銷售總監備存。

第 6 條　團隊個人銷售獎勵核算

1. 試用期員工均不提取銷售獎勵，但業績作為試用期考核依據。

2. 正式員工每月未完成銷售任務時，公司應按該銷售人員所能完成團隊銷售目標的相同比例發放當月浮動工資。

3. 銷售人員完成銷售任務量，發放全額工資級津貼，且銷售獎勵採用累進制計算，具體如下所示。

表 3-3-6　個人銷售獎勵比例表

超出個人任務量的收入	銷售獎勵比例
超出任務量第一個 10%以內	5%
超出任務量第二個 10%以內	10%＋第一個超出任務量的獎勵
超出任務量第三個 10%以內	15%＋第一、二個超出任務量的獎勵
超出任務量第四個 10%以內	20%＋第一、二、三個超出任務量的獎勵
超出任務量第五個 10%以內	25%＋第一、二、三、四個超出任務量的獎勵
超出任務量第六個 10%以內	30%＋第一、二、三、四、五個超出任務量的獎勵

註：上述超額銷售獎勵獎勵以 30%為上限，並以其超額獎金累計相加之和作為銷售人員當月個人超額獎金。

例如，銷售人員的當月銷售任務量為 8 萬元，當月實際業績為 10 萬元，超額完成 2 萬元，按銷售獎勵獎勵方法計算，該銷售人員當月應得的銷售獎勵獎金如下。

$$80000 \times 10\% \times 5\% ＋ 80000 \times 10\% \times 10\% ＋ 4000 \times 15\%$$

＝400＋800＋600＝1800 元

第 7 條　銷售部經理根據實際情況於每月月末下達下一個月的銷售任務至銷售團隊，銷售團隊主管對團隊任務進行第二次分配，經銷售部經理批准之後執行。

第 8 條　每月銷售人員工資按個人任務完成情況進行發放。

第 9 條　銷售部對銷售團隊進行任務分配及業績考核，若銷售團隊完成銷售目標則發放團隊銷售獎勵，團隊未完成銷售目標而銷售人員完成任務，則不發團隊銷售獎勵，銷售人員個人銷售獎勵照發。

第 10 條　以上辦法在執行中如有異議，由公司銷售總監、銷售部經理、財務部經理、人力資源部經理共同裁定。

第 11 條　本辦法經公司總經理審核批准後自發佈之日起執行。

八、銷售獎勵辦法核算細則

第 1 章　總則

第 1 條　目的

為了對本公司銷售部及各下屬銷售機構的銷售人員設計更合理的銷售獎勵，規範銷售獎勵核算工作，激勵銷售人員的工作積極性，努力向公司既定的銷售目標前進，特制定本細則。

第 2 條　適用範圍

本公司銷售部門及下屬所有銷售分公司與辦事處，在核算銷售獎勵時，均須遵守本細則規定。

第 2 章　　產品銷售獎勵範圍與報價

第 3 條　　銷售獎勵產品範圍

公司所有自主生產和經營的產品。

第 4 條　　產品報價

1. 按公司統一制定的對外報價，報價分為最終用戶報價和代理商報價兩種。

2. 合約簽訂價格原則上不超出公司對外報價的 20%，特殊情況須上報公司總經理審批。

3. 不得低於底價銷售，確實有行銷策略需求的，由銷售部經理審批，產品無銷售獎勵；如合約在實際執行過程中產生利潤，經財務部門核算後，報總經理批准後可給予適當獎勵。

第 3 章　　銷售獎勵核算

第 5 條　　銷售人員的銷售獎勵按銷售部報價扣稅後的 100%核算。

第 6 條　　銷售部報價。自產產品按公司供應價的 85%核算，外購產品按公司供應價進行個案處理。

第 7 條　　公司供應價。自產產品按製造成本的 75%核算，外購產品按採購成本的 90%核算。

第 8 條　　各類工程的銷售獎勵按公司工程核算辦法執行。

第 9 條　　從銷售人員每筆業務銷售獎勵中支出 20%作為業務風險金，原則上銷售人員風險抵押金累計總額應達 5 萬元（應收賬款超過 300 萬元，累計總額為 10 萬元），銷售人員離職手續辦理完善後公司退回風險抵押金。

第 10 條　　銷售人員業務銷售獎勵累計 5 萬元，部門內部核算

提交財務部門及總監審核批示，由財務部門開出有關收據。

　　第 11 條　超出公司產品底價部份計算銷售獎勵標準按下表執行。

表 3-3-7　回款時限階梯表

回款時間	現款	2 月內	2～3 個月	3～4 個月	4～5 個月	6～9 個月	9 個月以上
兌現比例	100%	100%	90%	80%	60%	50%	無

註：1. 現款現貨按銷售收入的 1%進行獎勵。

　　　回款時間段的確定是從產品合約簽訂時計算，到客戶交付銀行票據之日止。分期付款的，按實際回款時間段分別計算。

　　第 12 條　部門目標銷量階梯如下表所示。

表 3-3-8　目標銷量階梯表

部門年度銷售額	500 萬元以下	500 萬～800 萬元	800 萬～1000 萬元	1000 萬元以上
獎勵額度	0	銷售額超過 500 萬元，超出部份獎勵銷售額的 1%	銷售額超過 800 萬元，超出部份獎勵銷售額的 2%	銷售額超過 1000 萬元，超出部份獎勵銷售額的 3%

註：1. 部門年度銷售額累計=銷售部門主體開發的市場銷售收入合約額+銷售人員實現的市場銷售收入合約額。

　　　部門超額完成銷售任務，獎勵部份核算後上報財務部及總經理審批，由部門自主分配。

第 4 章　銷售費用支出範圍與提取辦法

第 13 條　銷售費用支出範圍

部門各項業務費用包括部門人員工資、部門招待費、差旅費、交際費、招標費、參照會費、客戶佣金、廣告宣傳費、交通費，以及其他與部門銷售業務相關的費用、部門設定的獎勵等。

1. 參展費、廣告宣傳費，作為公司對新組建產品銷售部門的前期投入，由部門和公司共同承擔。

2. 銷售人員通信費：銷售人員享受 6 個月的通信補助，超過 6 個月的通信費由個人承擔，銷售人員不再享受公司通信補助政策。

3. 銷售人員銷售獎勵：差旅費、招待費、通信費、客戶佣金、個人獎勵，以及為項目銷售所投入的所有費用。

第 14 條　銷售費用提取辦法

1. 經銷售主管同意，以銷售員個人為主體達成的銷售，按照產品銷售獎勵獎勵方案辦理，其中銷售主管及其他人員為該項目服務而付出的費用計入項目成本費用中。

2. 以部門為主體達成的銷售，按照產品銷售獎勵獎勵方案辦理，其中承擔該合約任務的銷售主管或銷售員為該合約服務而付出的費用，經總經理審批同意後計入合約成本費用中。盈利部份由部門主管提出分配方案。

3. 由公司統一開發的市場，開發費用、業務費用、合約前工作由公司承擔並制訂明確回款計劃的，合約執行及核賬、回款、售後服務管理等工作由所在區域的銷售人員負責，銷售人員費用計入該項目費用，銷售獎勵按合約利潤及銷售人員為該項目所做的工作程度而定。

4.由公司通過代理商方式開發市場的，代理商由公司負責管理，相關費用及代理合約簽署由公司負責，合約執行及核賬、回款、售後服務管理等工作由所在區域的銷售人員負責。

5.由銷售部通過代理商方式開發市場的，代理商由銷售部負責審核管理，相關費用及代理合約簽署由銷售部門負責。在公司制定的產品銷售獎勵政策範圍內，代理條件由銷售部門負責制定，節餘部份作為銷售部門的費用。

6.公司鼓勵不同銷售部門互相利用各自優勢，特別是客戶資源，聯合開展銷售，合作方式及收益分配由部門或個人提出，報總經理及財務審批。

7.不論何種業務模式，誰承擔回款責任，由誰獲得銷售業績。由不同銷售人員合作開發的，業績可協商分享。

8.財務部門根據對外結算單和對內結算單對每個合約、每個銷售員進行及時核算，結轉部門銷售費用。

9.銷售費用的提取一律按合約回款比例提取（有質保金時，應扣除質保金部份）。

第 5 章　　附則

第 15 條　　地區代理商：銷售人員應向公司提供對方營業執照、法人代表等相關合法資料並及時備案。在手續完全符合公司要求情況下，方可進行經營活動。

第 16 條　　經營活動針對個人的情況：非現款提貨時，對方應提供身份證明文件，並簽訂合作協議，必要時要提供抵押擔保相關證明，由公司備案。在手續齊全且符合公司要求的情況下，方可進行經營活動。

第 17 條　本細則經公司總經理審核批准後開始執行。

第 18 條　本細則自＿＿＿年＿＿＿月＿＿＿日起執行。

　銷售部門的銷售獎勵方案設計

一、銷售總監銷售獎勵方案

1.目的

為了明確銷售總監的銷售獎勵設計，避免產生銷售獎勵爭議，特制定本銷售獎勵方案。本方案中包含了區域總監、大客戶總監和銷售中心總監三個不同級別總監的銷售獎勵設計。

2.銷售總監級別的薪酬構成

⑴銷售總監級別的薪酬實行年薪制＋銷售獎勵形式，完成銷售目標即可獲得目標年薪，超額完成部份，可提取一定的銷售獎勵。

⑵一定比例的年薪為基本年薪，於每月發放，剩餘比例的年薪和銷售獎勵於年終考核結束後發放。

3.銷售總監的銷售獎勵設計

(1)區域總監銷售獎勵設計

區域總監銷售獎勵設計主要是依據銷售目標的完成情況，區域銷售目標為 5000 萬元，具體計算方式如表 3-4-1 所示。

表 3-4-1　區域總監銷售獎勵設計表

薪資構成	未完成銷售目標的計算方式	
	實際完成銷售目標的百分比(%)	銷售獎勵佔目標銷售獎勵的百分比(%)
	0～30%	0
基本薪資＝40萬元/年	30%(含)～50%	50%
目標銷售獎勵＝20萬元/年	50%(含)～90%	80%
	90%(含)～100%	90%
目標年薪＝60萬元/年，	超額完成銷售目標的計算方式	
上不封頂	超額完成銷售目標的百分比(%)	銷售獎勵佔超額完成部份的百分比(%)
	5%以下	1%
	5%(含)～10%	2%
	10%(含)以上	3%

⑵大客戶總監銷售獎勵設計

大客戶總監負責公司所有大客戶的開發與維護工作。公司為了有效控制大客戶開發和維護費用的支出，在對大客戶總監進行銷售獎勵設計時，應採用毛利率這個衡量指標設計銷售獎勵比例，具體設計如表 3-4-2 所示。

表 3-4-2 大客戶總監銷售獎勵設計表

薪資構成	銷售獎勵計算方式	
	毛利率(%)	銷售獎勵比例(%)
基本年薪＋銷售獎勵 基本年薪按月發放， 銷售獎勵年終發放	0～3%	1%
	3%(含)～5%	2%
	5%(含)～10%	3%
	10%(含)～15%	4%
	15%(含)～20%	4.5%
	20%(含)～25%	5%
	25%(含)～30%	5.5%
	30%(含)以上	6%
相關說明	1. 毛利率以財務部計算結果為準； 2. 銷售獎勵核算基數為實際到賬額度，即銷售獎勵 　＝實際回款額×銷售獎勵比例	

(3)銷售中心總監銷售獎勵設計

銷售中心總監是指主管公司所有銷售的總監，負責實現公司整體銷售目標，並在完成銷售目標的基礎上有效控制費用支出。銷售中心總監薪資實行「基本年薪＋銷售獎勵」形式，其銷售獎勵設計如表 3-4-3 所示。

表 3-4-3　銷售中心總監銷售獎勵設計表

薪資構成	未完成銷售目標的計算方式	
1. 基本年薪＝120萬元/年，每月發放10萬元 2. 目標銷售獎勵＝100萬元/年，每年按銷售業績考核後發放，最高不超過200萬元	實際完成銷售目標的百分比(%)	銷售獎勵計算公式
	0～100%	目標銷售獎勵×實際完成銷售目標百分比
	100%	全額發放目標銷售獎勵
	超額完成銷售目標的計算方式	
	超額完成銷售目標的百分比(%)	銷售獎勵佔毛利潤額的百分比(%)
	10%以下	2%
	10%(含)～15%	3%
	15%(含)以上	4%

4.銷售總監級別的年終獎勵

⑴公司年終對銷售總監進行考核,對考核成績前三名的銷售總
監按表 3-4-4 的銷售獎勵比例進行獎勵。

表 3-4-4 年終獎勵表

銷售總監級別	排名	銷售獎勵比例	銷售獎勵計算公式
區域總監	第一名	3%	區域銷售額×銷售獎勵比例
	第二名	2%	
	第三名	1%	
大客戶總監	第一名	2%	大客戶銷售毛利潤額×銷售獎勵比例
	第二名	1%	
	第三名	0.5%	
銷售中心總監	第一名	1%	公司銷售毛利潤額扣除銷售費用後的額度×銷售獎勵比例
	第二名	0.8%	
	第三名	0.5%	

⑵人力資源部組織進行銷售總監的績效考核工作,財務部、銷
售部等相關部門予以配合。

二、銷售經理銷售獎勵方案

1.目的

為了激發銷售經理的工作積極性，提高銷售部整體銷售能力，增強市場競爭力，擴大市場佔有率，特制定本銷售獎勵方案。

⑴銷售人員薪酬＝基本薪資+崗位薪資+效益薪資（銷售獎勵）。

其中，基本薪資固定，崗位薪資和效益薪資按照銷售人員完成的銷售業績浮動。

⑵銷售經理薪酬＝基本薪資+崗位薪資+個人效益薪資（個人銷售獎勵）+部門效益薪資（部門銷售獎勵）。

其中，基本薪資固定，崗位薪資和個人效益薪資按照個人完成銷售業績浮動，部門效益薪資按照下屬人員完成業績情況浮動。

2.銷售部月銷售目標分解

⑴銷售經理任務量＝銷售部月銷售目標×40%。

⑵銷售主管任務量＝銷售部月銷售目標×35%。

⑶銷售專員任務量＝銷售部月銷售目標×25%。

⑷例如，銷售部 9 月份銷售目標為 500 萬元，則銷售部目標分解如下。

①銷售經理任務量＝500×40%＝200 萬元。

②銷售主管任務量＝500×35%＝175 萬元。

③銷售專員任務量＝500×25%＝125 萬元。

3.銷售經理個人銷售獎勵設計

⑴銷售經理（主管、專員）需完成個人任務量的 50%方可領取崗

位薪資,否則只能領取完成量佔銷售任務量 50%的比例×崗位薪資＋基本薪資。

⑵銷售經理(主管、專員)完成個人任務量的 50%以上 90%以下,超出部份按回款額的 1%銷售獎勵,此為效益薪資。效益薪資＝(完成比例－50%)×1%×當月回款量。

例如,某銷售經理 1 月份完成 150 萬元的任務,並於當月回款 100 萬元,則其薪酬＝基本薪資+崗位薪資+效應薪資＝基本薪資+崗位薪資+(150 萬/200 萬×100%－50%)×1%×100 萬＝基本薪資+崗位薪資+2500 元。

⑶銷售經理(主管、專員)完成個人任務超過 90%的,超出部份按回款額的 2%計提,即其薪酬＝基本薪資+崗位薪資+效益薪資＝基本薪資+崗位薪資+(完成比例－90%)×2%×回款額+50%×1%×回款額。

例如,某銷售經理 2 月份完成 190 萬元的任務,並於當月回款 150 萬元,則其薪酬＝基本薪資+崗位薪資+效益薪資＝基本薪資+崗位薪資+(190 萬/200 萬×100%－90%)×2%×150 萬+50%×1%×150 萬＝基本薪資+崗位薪資+1500 元+7500 元＝基本薪資+崗位薪資+9000 元。

4.銷售部銷售獎勵設計

⑴銷售部整體完成銷售目標 60%以下,銷售經理沒有部門銷售獎勵。

⑵銷售部整體完成銷售目標 60%(含)以上,銷售經理按銷售部回款總額扣除個人回款額後的剩餘回款額的 1%計提部門銷售獎勵。

⑶銷售部整體超額完成銷售目標,銷售經理按銷售部回款總額

扣除個人回款額後的剩餘回款額的 1.5%計提部門銷售獎勵。

三、銷售主管銷售獎勵方案

1.目的

為了激勵銷售主管帶領銷售團隊積極開拓市場，增加市場佔有率，穩定優質客戶，特制定本銷售獎勵方案。

2.銷售獎勵範圍

⑴個人負責銷售的產品。

⑵所帶領團隊銷售的產品。

3.薪資構成

銷售主管薪資＝底薪+銷售獎勵。

⑴銷售主管 1000 元。

⑵試用期 800 元(試用期為 3 個月，試用期內完成銷售任務量方可轉正)。

4.銷售獎勵比例

(1)比例設計

①銷售團隊每月整體銷售目標為 10 萬元，完成此基數時銷售獎勵按 2%計提。

②銷售團隊每月整體完成的銷售額超過此基數，原基數銷售獎勵仍然按 2%銷售獎勵，超出部份按 3%計提。

③銷售團隊每月整體銷售額未完成此基數的 50%，銷售主管和團隊銷售人員沒有銷售獎勵。

④銷售團隊每月整體完成此基數的 50%，銷售獎勵按 1%計提；

超過 50%，每增長 5%，銷售獎勵比例增加 0.1%。

⑤銷售團隊所有人員的銷售獎勵按上述銷售獎勵比例計提；銷售主管再按 0.5%計提下屬人員完成的銷售額。

⑥為了鼓勵銷售經理保持工作的穩定性，在公司工作每滿一年的，可在年終獲得年度銷售額 1%的長期服務獎；若工作不滿一年，則不能獲得該年度的長期服務獎。

⑦試用期內的銷售主管同樣適用此銷售獎勵比例。

(2)舉例說明

銷售主管該月銷售目標為 10 萬元，整體完成銷售額為 6 萬元，其中銷售主管完成 3 萬元，銷售專員 A 完成銷售額 2 萬元，銷售專員 B 完成銷售額 1 萬元。總體完成銷售目標的 60%，則本月銷售團隊的銷售獎勵比例為 1.2%，計算公式如下。

①銷售團隊銷售獎勵比例＝1%+[(60%-50%)÷5%×0.1%]＝1.2%。

②個人完成銷售額的銷售獎勵

‧銷售主管銷售獎勵＝30000×1.2%＝360 元。

‧銷售專員 A 銷售獎勵＝20000×1.2%＝240 元。

‧銷售專員 B 銷售獎勵＝10000×1.2%＝120 元。

③銷售主管計提下屬人員完成的銷售獎勵＝30000×0.5%＝150 元。

④銷售主管當月銷售獎勵＝360+150＝510 元。

四、銷售專員銷售獎勵方案

1.目的

為了提高銷售專員的工作積極性，增加市場佔有率，特制定本銷售獎勵方案。銷售專員的薪資形式是底薪＋銷售獎勵。

2.銷售獎勵設計

(1)按產品類別設計

為了提高銷售專員推廣新產品的積極性，公司在設計銷售獎勵比例時，應採用加權平均完成率的方法進行，具體如表 3-4-5 所示。

表 3-4-5　按產品類別設計銷售獎勵表

產品類別	任務完成率	權重	加權平均完成率(M)	銷售獎勵比例
產品A(成熟)	a	30%	M＜50%	1%
產品B	b	20%	50%≤M＜70%	3%
產品C	c	20%	70%≤M＜80%	4%
產品D(新品)	d	30%	M≥80%	6%
備註	1. 加權平均完成率＝a×30%+b×20%+c×20%+d×30%； 2.銷售獎勵計算基數為實際到賬貨款額，即銷售獎勵＝回款額×銷售獎勵比例			

(2)按銷售業績設計

①為了迅速佔領市場，提高市場佔有率，公司應按照銷售業績設計銷售專員的銷售獎勵比例，具體銷售獎勵比例如表 3-4-6 所

示。

表 3-4-6　按銷售業績設計的銷售獎勵比例表

等級	月銷售額(Q)	銷售獎勵比例
1	Q＜10萬元	1%
2	10萬元≦Q＜20萬元	2%
3	20萬元≦Q＜30萬元	3%
4	Q≧30萬元	4%
備註	銷售獎勵＝實際回款額×銷售獎勵比例	

②為了激發銷售專員的工作積極性，體現銷售專員的績效，公司應按銷售任務量設計銷售獎勵比例。

· 銷售任務量為 10 萬元，達到銷售任務量，銷售獎勵比例按銷售額的 2%計提。

· 超過銷售任務量，超額部份按 4%計提。

· 未達到銷售任務量的 50%，不予發放銷售獎勵。

· 達到銷售任務量的 50%，銷售獎勵比例按 1%計提，每增加 5%，銷售獎勵比例增加 0.2%。

· 當月按實際銷售額計算銷售獎勵，即銷售獎勵＝銷售額×相應的銷售獎勵比例。

(3)按毛利潤設計

①為了迅速佔領市場，提高公司銷售量，公司應按銷售產品的毛利潤設計銷售獎勵比例。假設銷售專員月銷售任務量為 150 萬元，未完成銷售任務，只發放底薪；超額完成部份，按表 3-4-7 的銷售獎勵標準計提銷售獎勵獎勵。

表 3-4-7　銷售獎勵標準表

月銷售額(Q)	銷售獎勵比例	核算公式
150萬元≤Q<200萬元	2%	銷售獎勵＝超額部份的毛利潤×2%+業務支出
200萬元≤Q<300萬元	5%	銷售獎勵＝超額部份的毛利潤×5%+業務支出
300萬元≤Q<500萬元	10%	銷售獎勵＝超額部份毛利潤×10%+業務支出
Q≥500萬元	15%	銷售獎勵＝超額部份毛利潤×15%+業務支出
備註	1.業務支出包括銷售人員工作期間的差旅費、通信費、資料費等。業務支出的具體額度經財務部核算，超出部份由業務員自行承擔。 2.毛利潤額＝銷售收入－銷售成本	

②由上級負責、銷售專員配合的項目，不計人銷售專員個人銷售額，公司可以按照銷售情況酌情給予獎勵。

(4)按回款額設計

為了減少公司呆壞賬，保證及時收回銷售貨款，公司應按銷售回款額設計銷售獎勵比例，具體銷售獎勵比例設計如表 3-4-8 所示。

表 3-4-8 銷售獎勵比例表

等級	季回款額(Q)	銷售獎勵比例
1	Q＜100萬元	1%
2	100萬元≤Q＜200萬元	1.5%
3	200萬元≤Q＜300萬元	2%
4	Q≥300萬元	4%
備註	銷售獎勵＝季實際回款額×銷售獎勵比例	

3.銷售獎勵發放

⑴銷售獎勵與該銷售專員服務客戶的付款情況對應。

⑵每季統計一次客戶的付款數額,同時計算該銷售專員銷售獎勵的數額。

⑶每年年底核算並發放銷售專員當年應發銷售獎勵。

⑷銷售專員合作完成的項目,銷售經理根據實際情況,徵求有關人員意見後,確定分配方案。

⑸銷售專員銷售獎勵的個人所得稅由公司依法代扣代繳。

4.處罰規定

⑴銷售專員每年考核評定一次。

⑵銷售專員未完成銷售任務的,對其中銷售額最低的三名銷售專員給予待崗觀察處罰;第二年仍不能完成基本任務並且當年銷售額仍為最低三名者,公司將書面通知銷售專員,予以調整崗位或者作辭退處理。

5　銷售部的績效考核設計

一、銷售部績效考核量化指標

序號	考核指標	計算公式	權重(%)	目標值
1	銷售計劃完成率	實際銷售額/計劃銷售目標額×100%	25%	目標值為＿＿%
2	銷售賬款回收率	考核期內實際回款額/考核期內計劃回款額×100%	15%	目標值為＿＿%
3	銷售額增長率	(當期銷售額－上期銷售額)/上期銷售額×100%	15%	目標值為＿＿%
4	銷售收入利潤率	(銷售收入－銷售成本)/銷售收入×100%	15%	目標值為＿＿%
5	壞賬率	考核期內壞賬額/考核期內總賒銷額×100%	10%	目標值為＿＿%
6	產品市場佔有率	當前產品銷售額/當前該類產品市場銷售額×100%	5%	目標值為＿＿%
7	銷售合約履約率	實際銷售額/合約簽訂銷售額×100%	5%	目標值為＿＿%
8	部門預算控制率	部門費用支出控制在預算範圍內	5%	控制在預算範圍內
9	客戶滿意度	透過客戶滿意度調查得到的分值	5%	目標值為＿＿分

續表

量化考核得分總計		
指標說明	1.績效考核指標的設計依據主要是銷售業績。 2.績效考核指標都是量化的指標。 3.績效考核指標主要是針對銷售獎勵進行的考核。	
權重說明	1.銷售部的主要任務是完成銷售目標，因此銷售計劃完成率的權重應增加。 2.為了有效降低呆壞賬率，應該加大銷售賬款回收率這項指標的權重。 3.根據銷售職位等級，對相應指標設計不同的權重。	
考核結果	1.人力資源部負責組織進行銷售人員的績效考核，並核算、統計考核結果。 2.考核結果為各項指標得分的加權之和。 3.考核結果應及時發放到個人手中，並對考核結果保密。	
考核關鍵問題說明	1.在對銷售人員的實際考核過程中，應適當增加定性指標，例如對工作能力和工作態度的考核指標。 2.針對不同的銷售人員應選取不同的關鍵業績指標。	

二、銷售部績效考核實施細則

第 1 章　總則

第 1 條　為規範對銷售部的績效考核工作,提高銷售人員的工作積極性,完成公司的銷售目標,特制定本細則。

第 2 條　公司對銷售部的績效考核工作均按照本細則執行。

第 3 條　職責劃分

1. 人力資源總監

⑴審批考核細則並負責修訂。

⑵負責審定考核結果。

2. 人力資源部

公司人力資源部是績效考核工作的歸口管理部門，其具體職責如下。

⑴組織、培訓和指導考核的各項工作。

⑵監督和檢查考核過程。

⑶匯總、統計考核評分結果，形成考核總結報告。

⑷協調、處理各級人員關於考核申訴的具體工作。

⑸通報月、季、年度考核工作的情況。

⑹糾正、指導與處罰考核過程中的不規範行為。

⑺整理考核檔案，以此作為薪酬調整、職務升降、崗位調動、培訓和獎懲等的依據。

⑻對考核實施細則與考核指標提出修改意見。

3. 銷售部

⑴銷售部的考核對象包括銷售經理、銷售主管、銷售專員及銷售部其他員工等。

⑵銷售部按照直接上級考核、直接下級考核、自評等不同的考核維度對應不同的考核主體。

⑶銷售經理負責本部門人員的考核和等級評定，並根據考核結果組織本部門人員制訂改進計劃。

第 4 條　考核原則

1. 公平、公正、公開原則

公開考核的方式、時間、內容和流程等，考核過程中應保持公正與客觀，考核結果要對部門公開。

2. 溝通與進步原則

在考核過程中，人力資源部與銷售部應隨時溝通，及時發現存在的問題，共同找到解決的辦法，提高銷售部及銷售人員的業績水準。

3. 結果回饋原則

考核的結果要及時回饋給銷售部，考核小組應進行適當的解釋說明，使考核結果能夠得到銷售部的認可，從而積極改進部門工作。

第 2 章　考核週期與考核內容

第 5 條　公司對銷售部進行月考核、季考核和年度考核，具體考核時間如下。

1. 月考核於次月 5 日之前進行。

2. 季考核於每季結束後的下一個月 10 日之前進行。

3. 年度考核於次年 1 月 15 日之前進行，年度考核＝月考核平均成績×60%+季考核平均成績×40%。

第 6 條　公司對銷售部進行考核的內容為銷售業績考核，包括銷售任務的完成情況、銷售賬款回收情況以及銷售增長情況等內容。

第 7 條　人力資源部在銷售部的配合下制定銷售部的部門考核指標和各崗位的考核指標，並根據市場變化、公司銷售策略變化等具體情況定期更新。

第 8 條　制定或更新考核指標須經過銷售總監審批後方可實施。

第 3 章　銷售部人員薪酬構成

第 9 條　公司銷售部人員的薪酬由基本薪資、銷售獎勵和年度獎金三部份構成，具體如表 3-5-1 所示。

表 3-5-1　銷售人員薪資構成表

職位級別		薪酬構成
銷售經理		基本薪資2500元+銷售獎勵+年度獎金
銷售主管		基本薪資2000元+銷售獎勵+年度獎金
銷售專員	高級銷售專員	基本薪資1500元+銷售獎勵+年度獎金
	普通銷售專員	基本薪資1200元+銷售獎勵+年度獎金
	試用期銷售專員	試用期發放基本薪資1000元，無銷售獎勵
備註		1.基本薪資於每月15日發放，如遇節假日則順延至最近的工作日發放 2.根據銷售業績與回款情況計算銷售獎勵，每月隨基本薪資發放 3.年終對銷售人員進行考核，根據考核結果，於次年第一個薪資發放日發放年度獎金

第 4 章　銷售業績考核實施

第 10 條　公司對不同的考核內容進行量化，制定量化指標，結合銷售實際情況及公司內外部環境等因素，制定各個指標的權重。

第 11 條　公司量化考核可採用百分制，銷售部的具體量化考核指標、權重和評分標準如表 3-5-2 所示。

表 3-5-2　銷售部量化考核指標評分表

序號	考核指標	權重	評分標準
1	銷售任務完成率	30%	1. 銷售任務完成率≥100%，得30分； 2. 銷售任務完成率<100%，每低___%扣___分； 3. 銷售任務完成率低於___%，該項得分為0
2	銷售賬款回收率	20%	1. 銷售賬款回收率≥___%，得20分； 2. 銷售賬款回收率<___%，每低___%扣___分； 3. 銷售賬款回收率低於___%，該項得分為0
3	銷售額增長率	20%	1. 銷售額增長率≥___%，得20分； 2. 銷售額增長率<___%，每低___%扣___分； 3. 銷售額增長率低於___%，該項得分為0
4	壞賬率	10%	1. 壞賬率≤___%，得10分； 2. 壞賬率>___%，每局___%扣___分； 3. 壞賬率高於___%，該項得分為0
5	銷售費用節省率	10%	1. 銷售費用節省率≥___%，得10分； 2. 銷售費用節省率<___%，每低___%扣___分； 3. 銷售費用節省率低於___%，該項得分為0
6	銷售合約履行率	10%	1. 銷售合約履約率≥___%，得10分； 2. 銷售合約履約率<___%，每低___%扣___分； 3. 銷售合約履約率低於___%，該項得分為0

註：根據不同行業水準、產品特點以及銷售人員的實際情況適當調整各項考核指標的權重。

第 12 條　銷售業績的考核依據是公司財務部的統計分析數據和銷售部本身的統計數據，人力資源部負責審核數據，計算考核得分。

第 13 條　人力資源部按照最終考核得分將銷售部的考核結果分為五個等級，各等級對應分數見表 3-5-3。

表 3-5-3　銷售部量化考核指標評分表

考核等級	優秀(S)	良好(A)	中等(B)	及格(C)	差(D)
分數(分)	90～100分	80～89分	70～79分	60～69分	60分以下

第 14 條　相關人員如對考核結果有意見，可在得知考核結果後 7 個工作日內向上級提出申訴。

第 15 條　員工申訴超過申訴期限的，公司不予處理。

第 16 條　接到申訴後，要審查考核記錄，確認考核得分，一旦發現錯漏要及時更改，並經銷售總監審批後，向銷售部及部門人員公佈申訴結果。

第 17 條　公司對於無客觀事實依據、僅憑主觀臆斷的申訴將不予受理。

第 5 章　考核結果運用與資料管理

第 18 條　銷售人員根據考核結果解決實際存在的問題，改進銷售工作。

第 19 條　人力資源部要將考核結果運用到部門獎金的發放、底薪的調整以及培訓的實施中。

1.月考核作為年度考核的參考依據。

2.季考核作為底薪調整的依據，連續兩次考核在 A(含)級以

上,底薪往上調整一級;連續兩次考核獲得 D 級,給予調崗或辭退處理。

3.依據年度考核成績,按當年實際回款額的一定比例一次性給予獎勵,具體獎勵事項如表 3-5-4 所示。

表 3-5-4　年度考核獎勵表

考核等級	優秀(S)	良好(A)	中等(B)	及格(C)	差(D)
銷售獎勵比例	3%	2%	1%	0.5%	0

註:獎勵金額＝年度實際回款額×銷售獎勵比例。

第 20 條　人力資源部建立日常考核台賬,記錄考核內容和結果,以此作為考核打分及考核結果回饋、考核申訴處理的依據。

第 21 條　要嚴格管理考核過程文件(如考核評分表、統計表等),防止考核資料外洩。

第 6 章　附則

第 22 條　本細則由人力資源部制定,解釋權歸人力資源部所有。

第 23 條　本細則自頒佈之日起執行。

6 網路銷售人員銷售獎勵方案設計

一、網路銷售店長銷售獎勵方案

1. 說明

本方案適用於網路銷售店長的銷售獎勵計算、發放等工作。

2. 網路銷售店長銷售獎勵計算的週期

網路銷售店長的銷售獎勵每年計提一次。

3. 網路銷售店長銷售獎勵比例標準

　網路銷售店長的銷售獎勵每年計提一次，其計提範圍是網路銷售店整體各產品的銷售總額，具體的銷售獎勵比例計提標準如表3-6-1 所示。

表 3-6-1　網路銷售店長年度銷售獎勵計提標準表

產品名稱	銷售金額(萬元)	銷售獎勵標準	產品類別
A產品	600以上	銷售總金額的1.1%	老產品
	400～600(含)	銷售總金額的1%	
	400(含)以下	銷售總金額的0.9%	

適用說明：

(1)當網路銷售店A產品的銷售費用大於或等於網路銷售店A產品銷售總金額的1%時，遵照本標準表實施；

(2)當網路銷售店A產品的銷售費用小於或等於網路銷售店A產品銷售總金額的2%且大於1%時，按本標準表相應比例的70%計提；

(3)當網路銷售店A產品的銷售費用大於網路銷售店A產品銷售總金額的2%時，按與銷售總監約定的標準計提；

(4)網路銷售店A產品的銷售費用即透過網路達成A產品銷售所花費的費用。

產品名稱	銷售金額(萬元)	銷售獎勵標準	產品類別
B產品	900以上	銷售總金額的0.9%	老產品
	600～900(含)	銷售總金額的0.85%	
	600(含)以下	銷售總金額的0.8%	

適用說明：

(1)當B產品的實際平均銷售單價大於或等於網路銷售店標價的7.5折時，遵照本表實施；

(2)當B產品的實際平均銷售單價大於或等於網路銷售店標價的6折但小於7.5折時，按本表對應比例的80%計提；

(3) B產品的實際銷售單價最低為網路銷售店標價的6折，低於此價格銷售需經銷售總監批准。

產品名稱	銷售金額(萬元)	銷售獎勵標準	產品類別
C產品	300以上	銷售總金額的1.6%	新產品
	200～300(含)	銷售總金額的1.4%	
	200(含)以下	銷售總金額的1.2%	

適用說明：該產品的網路銷售費用應控制在15萬元以內，超過此費用需經銷售總監特別批准。

4.網路銷售店長銷售獎勵計算

根據網路銷售店長計提週期內的銷售額和任務完成率，對照網路銷售店長銷售獎勵標準進行計算，計算公式如下。

網路銷售店長應發銷售獎勵＝A 產品的銷售總額×其對應的銷售獎勵比例＋B 產品的銷售總額×其對應的銷售獎勵比例＋C 產品的銷售總額×其對應的銷售獎勵比例

二、網路銷售主管銷售獎勵方案

1.說明

⑴本方案適用於網路銷售主管的銷售獎勵計算、發放等工作。

⑵本方案是在當前網路銷售店共有兩名網路銷售主管的基礎上設計的。

2.網路銷售主管銷售獎勵計算的週期

網路銷售主管的銷售獎勵每半年計提一次。

3.網路銷售主管銷售獎勵比例標準

網路銷售主管的銷售獎勵每半年計提一次，其計提範圍是該主管所管理團隊各產品的銷售總額，具體的計提標準如表 3-6-2 所示。

表 3-6-2　網路銷售主管半年銷售獎勵計提標準表

產品名稱	銷售金額(萬元)	銷售獎勵標準	產品類別
A產品	150以上	銷售總金額的2.1%	老產品
	100～150(含)	銷售總金額的1.8%	
	100(含)以下	銷售總金額的1.6%	

適用說明：
1. 當該銷售主管的銷售團隊用於A產品的額外銷售費用小於或等於該團隊A產品銷售總金額的0.5%時，遵照本標準表實施；
2. 當該銷售主管的銷售團隊用於A產品的額外銷售費用小於或等於該團隊A產品銷售總金額的1%且大於銷售總金額的0.5%時，按本標準表對應比例的70%計提；
3. 當該銷售主管的銷售團隊用於A產品的額外銷售費用大於該團隊A產品銷售總金額的0.5%時，按與銷售總監約定的標準計提；
4. 該銷售主管的銷售團隊用於A產品的額外銷售費用是指扣除網路銷售店整體推出的廣告、促銷活動等促銷費用後其他用於銷售的費用。

產品名稱	銷售金額(萬元)	銷售獎勵標準	產品類別
B產品	450以上	銷售總金額的1.9%	老產品
	300～450(含)	銷售總金額的1.6%	
	300(含)以下	銷售總金額的1.5%	

適用說明：
1. 當B產品的實際平均銷售單價大於或等於網路銷售店標價的7.5折時，遵照本表實施；
2. 當B產品的實際平均銷售單價大於或等於網路銷售店標價的6折且小於網路銷售店標價的7.5折時，按本表對應比例的80%計提；
3. B產品的實際銷售單價最低為網路銷售店標價的6折，低於此價格銷售須經網路銷售店長以及銷售總監批准，具體銷售獎勵標準另按與網路銷售店長的約定執行。

產品名稱	銷售金額(萬元)	銷售獎勵標準	產品類別
C產品	80以上	銷售總金額的2.4%	新產品
	50～80(含)	銷售總金額的2.3%	
	50(含)以下	銷售總金額的2.1%	

適用說明：
該網路銷售主管所在團隊計提週期內在該產品上投入的網路銷售費用應控制在2萬元以內，超過此費用需經網路銷售店長特別批准。

4. 網路銷售主管銷售獎勵計算

根據網路銷售主管的銷售額，對照網路銷售主管銷售獎勵標準進行計算，計算公式如下。

網路銷售主管應發銷售獎勵＝A 產品的銷售總額×其對應的銷售獎勵比例＋B 產品的銷售總額×其對應的銷售獎勵比例＋C 產品的銷售總額×其對應的銷售獎勵比例

5. 網路銷售主管銷售獎勵發放

網路銷售主管具體的銷售獎勵發放標準如表 3-6-3 所示。

表 3-6-3　網路銷售主管銷售獎勵發放標準表

銷售總額(萬元)	銷售獎勵發放標準
400以上	按銷售獎勵總額的110%發放銷售獎勵
300～400(含)	按銷售獎勵總額的100%發放銷售獎勵
300(含)以下	按銷售獎勵總額的80%發放銷售獎勵

三、網路銷售客服銷售獎勵方案

1. 說明

⑴本方案適用於網路銷售客服的銷售獎勵計算、發放等工作。

⑵本方案是在當前網路銷售店共有網路銷售店長一名、網路銷售主管兩名、網路銷售客服六名，合計九名網路銷售員工的基礎上設計的。

2. 網路銷售客服銷售獎勵計算的週期

網路銷售客服的銷售獎勵每季發放一次。

3.網路銷售客服銷售獎勵比例標準

網路銷售客服的銷售獎勵每季計提一次,其計提依據是網路銷售客服個人的產品銷售額,具體的銷售獎勵比例計提標準如表3-6-4所示。

表 3-6-4　網路銷售客服季銷售獎勵計提標準表

產品名稱	銷售額(萬元)	銷售獎勵標準	產品類別
A產品	75以上	銷售總金額的4.1%	老產品
	50~75(含)	銷售總金額的3.6%	
	50(含)以下	銷售總金額的3.4%	
B產品	55以上	銷售總金額的3.9%	老產品
	40~55(含)	銷售總金額的3.6%	
	40(含)以下	銷售總金額的3.1%	

適用說明:

1. 當B產品的實際平均銷售單價大於或等於網路銷售店標價的7.5折時,遵照本表實施;
2. 當B產品的實際平均銷售單價大於或等於網路銷售店標價的6折且小於網路銷售店標價的7.5折時,按本表對應比例的80%計提;
3. B產品的實際銷售單價最低為網路銷售店標價的6折,低於此價格銷售須經網路銷售主管同意。

產品名稱	銷售金額(萬元)	銷售獎勵標準	產品類別
C產品	20以上	銷售總金額的5.7%	新產品
	15~20(含)	銷售總金額的5.1%	
	15(含)以下	銷售總金額的4.3%	

適用說明:

該產品的網路銷售費用應控制在3000元以內,超過此費用需經網路銷售主管同意。

4.網路銷售客服銷售獎勵計算

根據網路銷售客服計提週期內的銷售額和任務完成率，對照網路銷售客服季銷售獎勵計提標準進行計算，計算公式如下。

網路銷售客服應發銷售獎勵＝A產品的銷售總額×其對應的銷售獎勵比例＋B產品的銷售總額×其對應的銷售獎勵比例＋C產品的銷售總額×其對應的銷售獎勵比例

7 網路銷售人員績效考核

一、網店銷售績效考核量化指標

序號	考核指標	計算公式	權重(%)	目標值
1	銷售計劃完成率	實際完成銷售額或銷售量/計劃銷售額或銷售量×100%	15%	目標值為＿＿%
2	銷售額	考核期內，累計銷售總金額	15%	目標值為＿＿萬元
3	銷售回款率	當期實際回款額/當期銷售額×100%	10%	目標值為＿＿%
4	銷售費用率	透過網路完成銷售的費用/銷售總收入×100%	10%	目標值為＿＿%
5	新增客戶數量	透過網路開發並最終成交的新客戶數量	10%	目標值為＿＿個
6	銷售增長率	(當期銷售額－上期銷售額)/上期銷售額×100%	10%	目標值為＿＿%
7	客戶投訴有效處理率	客戶投訴有效處理的起數/客戶投訴總起數×100%	5%	目標值為＿＿%

續表

8	客戶諮詢有效受理率	客戶諮詢有效受理的起數/客戶諮詢總起數×100%	5%	目標值為___%
9	客戶滿意度	透過客戶滿意度調查得到的分值	5%	目標值為__分
10	合作部門滿意度	透過合作部門滿意度調查得到的分值	5%	目標值為__分
11	核心員工流失率	本期流失核心員工人數/上期核心員工人數×100%	5%	目標值為___%
12	培訓計劃完成率	完成培訓時間/計劃培訓時間×100%	5%	目標值為___%
量化考核得分總計				
指標說明	1.績效考核指標的設計依據主要是考核期內透過網路完成的銷售業績； 2.當期是指本考核期內，上期是指上一個考核期內； 3.「有效處理」是指透過網路向客戶回饋投訴解決辦法及向同事傳達或向上級呈報客戶投訴事件的行為。			
權重說明	1.網路銷售部的主要任務是完成銷售目標，因此，銷售計劃完成率的權重應增加； 2.為了有效降低呆壞賬率，應該加大銷售回款率這項指標的權重； 3.根據網路銷售職位等級，對相應指標設計不同的權重。			
考核結果核算說明	1.人力資源部負責組織網路銷售人員的績效考核工作，並核算、統計考核結果； 2.考核結果為各項指標得分的加權之和； 3.人力資源部應將考核結果及時發放到網路銷售人員手中，並對考核結果保密。			
考核關鍵問題說明	1.在對銷售人員的實際考核過程中，應適當增加定性指標，如工作能力和工作態度的考核指標； 2.針對銷售不同產品和處於不同職級的網路銷售人員，應選取不同的關鍵業績指標作為考核標準。			

二、網店店長績效考核實施細則

第 1 條　目的

為了規範人力資源部對公司網店店長的績效考核行為，確保公司能公開、公平地對網路店長進行績效考核，有效地激勵網店店長，特制定此實施細則。

第 2 條　適用範圍

1. 本細則適用於公司網店店長績效考核的實施工作。

2. 本細則適用於公司人力資源部績效考核人員開展相關的績效考核工作。

第 3 條　考核實施人員

由公司人力資源部組織成立由銷售總監、人力資源部經理、財務部經理、績效專員等人員參加的網店店長績效考核小組，對網店店長的績效進行考核。

第 4 條　考核方法

採取定性考核和定量考核相結合的方式進行公開考核。

第 5 條　考核時間

對公司網店店長的績效考核實行每年兩次考核制，並將結果按加權平均值計人總績效考核成績，具體考核時間如下。

1. 中期考核

考核時間為每年的 8 月份，考核網店店長在上一年 2 月 1 日～當年 7 月 31 日期間的工作績效。

2.年終考核

時間為次年的 2 月份，考核網店店長在上一年 2 月 1 日～當年 1 月 31 日期間的工作績效。

第 6 條　考核指標和評分標準

根據公司網店店長的工作範圍和職責內容，特確定網店店長績效考核指標和評分標準，具體如表 3-7-1 所示。

表 3-7-1　公司網店店長績效考核指標及評分標準表

考核指標	權重	考核辦法
銷售計劃達成率	15%	1.目標值為＿＿%，達到目標值得滿分； 2.比目標值每低＿＿%，減＿＿分； 3.小於＿＿%，此項得分為0
利潤率	15%	1.目標值為＿＿%，達到目標值得滿分； 2.比目標值每高＿＿%，加＿＿分，最高為＿＿分； 3.比目標值每低＿＿%，減＿＿分；低於＿＿%，該項考核記為0分
網路銷售費用控制	15%	1.網路銷售費用預算目標值為＿＿%，達到目標值得滿分； 2.比目標值每低＿＿%，加＿＿分，最高為＿＿分； 3.比目標值每提升＿＿%，減＿＿分，高於＿＿%，該項考核記為0分
銷售增長率	10%	1.目標值為＿＿%，達到目標值得滿分； 2.比目標值每高＿＿%，加＿＿分，最高為＿＿分； 　比目標值每低＿＿%，減＿＿分，最低為＿＿分；
大客戶流失率	10%	1.目標值為＿＿%，達到目標值得滿分； 2.比目標值每低＿＿%，加＿＿分，最高為＿＿分； 3.比目標值每提升＿＿%，減＿＿分，高於＿＿%，該項考核記為0分

銷售額 （銷售量）	10%	1.目標值為＿＿萬元(件)，達到目標值得滿分； 2.比目標值每高＿＿萬元(件)，加＿＿分； 3.比目標值每低＿＿萬元（件），減＿＿分；低於＿＿萬元 　（件），該項考核記為0分
合作部門 滿意度	5%	1.透過相關部門負責人的滿意度評分進行評定； 2.合作部門負責人評分的平均值應達到＿＿分，達到得滿分； 3.比目標值每低1分，減＿＿分； 4.比目標值每高1分，加＿＿分，最高為＿＿分
員工 滿意度	5%	1.透過員工滿意度調查進行評分； 2.員工滿意度評分的平均值應達到＿＿分的目標值，達到目 　標值得滿分； 3.比目標值每低1分，減＿＿分； 4.比目標值每高1分，加＿＿分，最高為＿＿分
核心員工 流失率	5%	1.目標值為＿＿%，達到目標值得滿分； 2.比目標值每降低＿＿%，加＿＿分； 3.比目標值每提升＿＿%，減＿＿分
培訓計劃 完成率	5%	1.目標值為＿＿%，達到目標值得滿分； 2.比目標值每低＿＿%，減＿＿分； 3.比目標值每低＿＿%，得0分
工作態度	5%	1.根據個人表現，由績效考核小組組織相關人員評定打分； 2.目標值為＿＿分，達到目標值得滿分； 3.比目標值每降低1分，減＿＿分； 4.比目標值每提升1分，加＿＿分

第 7 條　績效評估

1. 定量指標的考核與評分

由公司績效考核小組填寫，按照表 3-7-2 所列各項內容及表 3-7-1 的評分標準計算出網店店長的績效考核得分。

表 3-7-2　網店店長績效考核成績表

項目序號	考核指標	單項滿分	績效目標值	實際完成值	實際得分
1	銷售計劃達成率	15分	＿＿＿%	＿＿＿%	＿＿分
2	利潤率	15分	＿＿＿%	＿＿＿%	＿＿分
3	網路銷售費用控制	15分	＿＿＿%	＿＿＿%	＿＿分
4	銷售增長率	10分	＿＿＿%	＿＿＿%	＿＿分
5	大客戶流失率	10分	＿＿＿%	＿＿＿%	＿＿分
6	銷售額（銷售量）	10分	＿＿萬元（件）	＿＿萬元（件）	＿＿分
7	合作部門滿意度	5分	＿＿＿%	＿＿＿%	＿＿分
8	員工滿意度	5分	＿＿＿%	＿＿＿%	＿＿分
9	核心員工流失率	5分	＿＿＿%	＿＿＿%	＿＿分
10	培訓計劃完成率	5分	＿＿＿%	＿＿＿%	＿＿分

2. 定性指標的考核與評分

對於「工作態度」的考核，應由銷售總監、網路銷售主管、網店客戶以及人力資源部相關人員根據公司的規章制度、網店店長個人表現等進行打分，必要時可以根據客戶對其服務態度、服務品質等方面的評價進行綜合評分。

3.年度績效考核得分的計算

網店店長的績效考核成績由公司人力資源部在年終考核結束後計算其年度績效考核得分，具體計算公式如下。

網店店長的年度績效考核得分＝中期考核得分×30%＋年終考核得分×70%

第 8 條　績效考核面談

每次績效考核結束後，應由銷售總監對網店店長進行績效考核面談。績效考核面談應由銷售總監安排在考核結束後 5 個工作日內進行，並報人力資源部備案。

第 9 條　績效考核回饋

每次績效考核結束後，績效考核小組須將該次經總經理審批的績效考核成績，在審批通過後 3 個工作日內交由銷售總監，並由銷售總監直接回饋給網店店長。

第 10 條　績效考核申訴

1. 網店店長對考核結果有異議的，可在接到考核結果 5 個工作日內向人力資源部提起申訴，人力資源部須在接到申訴後 8 個工作日內向網店店長回饋申訴處理結果。

2. 網店店長對人力資源部的處理結果有異議的可在接到申訴處理 5 個工作日內向總經理提出申訴，總經理擁有考核申訴的最終處理權。

第 11 條　年度績效考核結果應用

年終考核結束後，績效考核小組將網店店長年度績效考核得分提交總經理審批通過後交財務部，作為其薪資、獎金核算及發放的參考標準，並據此做出相應的調整和補扣，具體應用如表 3-7-3 所

示。

表 3-7-3　網店店長績效考核結果應用表

年度績效考核得分	下年度底薪計算調整	本年度銷售獎勵核算
90分以上	下年度底薪＝本年度底薪×1.3	本年度實發銷售獎勵總額＝本年度應發銷售獎勵總額×1.2
80～90(含)分	下年度底薪＝本年度底薪×1.1	本年度實發銷售獎勵總額＝本年度應發銷售獎勵總額×1.1
70～80(含)分	下年度底薪＝本年度底薪×0.9	本年度實發銷售獎勵總額＝本年度應發銷售獎勵總額×0.9
60～70(含)分	下年度底薪＝本年度底薪×0.7	本年度實發銷售獎勵總額＝本年度應發銷售獎勵總額×0.8
60(含)分以下	下年度底薪＝本年度底薪×0.4	本年度實發銷售獎勵總額＝本年度應發銷售獎勵總額×0.7
說明	若連續兩年年度績效考核都在70分以下，對網店店長做降級或調崗處理	

第 12 條　本細則由公司人力資源部編制，解釋權歸人力資源部所有。

第 13 條　本細則自頒佈之日起開始執行。

三、網店客服績效考核實施辦法

第 1 條　考核目標

1. 為提高本公司網店客服的工作積極性，實現個人和公司的雙贏。

2. 為公司網店客服的試用轉正、工作期間晉升、薪資調整、培訓與發展等提供決策依據。

第 2 條　考核範圍

本辦法適用於本公司從事網店客服職位的一線銷售人員。

第 3 條　考核實施人員

由公司人力資源部組織成立由網店主管、績效專員等人員參加的績效考核小組，對網店客服進行績效考核。

第 4 條　考核方法

採取定性考核和定量考核相結合的方式進行公開考核。

第 5 條　考核時間

具體的考核時間安排見表 3-7-4。

表 3-7-4　考核時間表

項目	內容	頻率	時間
月考核	主要考核當月的業績情況	每月考核一次	考核時間為下月的5～10日
季考核	主要考核當季的工作業績	每季開展一次	下一季第一個月的5～10日
年考核	主要考核當年的業績情況	每年考核一次	下一年1月的5～15日

第 6 條　考核辦法

1. 根據公司網店客服的工作職責和網路銷售任務完成情況設置下列考核指標，並確定各項指標的評分標準，具體如表 3-7-5 所示。

表 3-7-5　公司網店客服績效考核指標及評分標準表

考核指標	評分標準	權重
透過網路實現的銷售額	達到＿＿＿萬元為滿分，每少＿＿＿萬元，減＿＿＿分，少於＿＿＿萬元，此項考核得分為0	20%
銷售計劃達成率	達到100%為滿分，每低＿＿＿%，減＿＿＿分，完成率小於＿＿＿%，此項考核得分為0	20%
新產品銷售數量	達到＿＿＿萬件為滿分，每少＿＿＿萬件，減＿＿＿分，少於＿＿＿萬件，此項考核得分為0	10%
銷售回款率	達到100%為滿分，每低＿＿＿%，減＿＿＿分，完成率小於＿＿＿%，此項考核得分為0	10%
新增客戶數量	達到＿＿＿家為滿分，每少＿＿＿家，減＿＿＿分，少於＿＿＿家，此項考核得分為0	10%
客戶滿意度	滿意度評分達到＿＿＿分為滿分，每低＿＿＿分，減＿＿＿分，完成率小於＿＿＿%，此項考核得分為0	10%
客戶諮詢有效受理率	達到＿＿＿%為滿分，每低＿＿＿%，減＿＿＿分，完成率小於＿＿＿%，此項考核得分為0	10%
按時提交工作總結報告	不按規定時間提交工作總結報告的次數，每出現一次扣＿＿＿分，出現＿＿＿次，此項考核得分為0	10%

2.由公司網路銷售部制定各項考核指標的績效目標。

3.由考核人填寫「網店客服績效考核表」，結合表 3-7-5 中的
評分標準，績效考核小組對其績效進行評估。

表 3-7-6　網店客服績效考核表

姓名：_____　　單位/部門：_____　　職務：網店客服專員

入職日期：____年____月____日

考核日期		考核類別	□季 □年中 □年終 □轉正 □異動 □續約			
考核項目	單項滿分	考核指標		權重	初評	複評
工作業績	60分	透過網路實現的銷售額		20%		
		銷售計劃達成率		20%		
		新產品銷售數量		10%		
		銷售回款率		10%		
		新增客戶量		10%		
		客戶滿意度		10%		
		客戶諮詢有效受理率		10%		
		按時提交工作總結報告		10%		

續表

| 工作能力 | 20分 | 溝通能力 | 1. 滿分（10分）標準
善於分析客觀情況並針對溝通對象選擇適當的溝通方式，對對方的意思理解準確，表達流暢準確。
2. 扣分標準（最低分值為0分）
(1)不能正確把握客戶意圖，扣3分；
(2)不能根據客觀情況針對溝通對象選擇適當的溝通方式，扣5分；
(3)文字、語言表達時常邏輯混亂、難以理解，扣10分；
(4)經常誤解客戶意圖，扣10分 | 50% | | |
| | | 市場開拓能力 | 1. 滿分（10分）標準
擁有足以勝任工作的銷售知識和專業知識，在處理網路銷售工作中的問題時總是得心應手且無需指導。
2. 扣分標準（扣至負分時，按0分算）
(1)因知識欠缺而誤解上級意圖和執行命令不力，扣3分；
(2)因銷售知識和專業知識欠缺，在工作中經常就一些具體問題請教或尋求幫助，扣5分；
(3)在工作中處理問題時缺乏主見，對所屬行業的知識一竅不通，難以勝任，扣10分 | 50% | | |

續表

工作態度	20分	責任心	1. 滿分（10分）標準 　忠於職守、盡職盡責、積極主動、實事求是、工作扎實。 2. 扣分標準（扣至負分時，按0分算） (1)強調客觀理由，推卸應負的責任，扣4分； (2)畏懼困難，不敢承擔具有挑戰性的工作，　扣5分； (3)簡單上交問題，在改進工作方面提不出有價值的建議，扣6分； (4)對工作極不負責任，扣8分	50%		
	20分	工作改進	1. 滿分（10分）標準 　主動改善工作方法，能提出建設性的意見。 2. 扣分標準（扣至負分時，按0分算） (1)墨守成規，維持現狀，缺乏創新意識，扣3分； (2)少有改善的建議和熱情，扣5分； (3)固執己見，反對創新，不執行新的工作流程和制度，扣8分	50%		
合計						

部門經理評價	
遵守規章制度情況(由人力資源部填寫)	
考勤考績及日常獎懲狀況(＿＿＿分)	
人力資源部評價	
考核綜合得分	

第7條　績效回饋與結果應用

1.考核期結束後的第 3 個工作日,由考核人與被考核人進行面談。

2.面談結束後的 3 個工作日內,考核人將考核表發給被考核人由本人進行確認,如有異議由考核人進行再確認工作。再確認工作必須在考核期結束後的第 5 個工作日之前完成。

3.考核結束後,考核人將考核表提交人力資源部和財務部,並由其進行薪資和銷售獎勵的核算、發放工作,具體應用如表 3-7-6所示。

表 3-7-6　網店客服績效考核結果應用表

考核週期	等級劃分	績效得分	結果應用
月考核	A	85分以上	正常發放底薪
	B	70～85(含)分	正常發放底薪
	C	70(含)分以下	底薪降低一級

說明:

月考核結果不影響網店客服的銷售獎勵發放金額;

正常發放底薪指按上一年度進行年度績效考核後設定的底薪標準發放。

考核週期	等級劃分	績效得分	結果應用
季考核	A	85分以上	發放本季應得銷售獎勵的105%
	B	70～85(含)分	正常發放銷售獎勵
	C	70(含)分以下	發放本季應得銷售獎勵的80%

續表

說明：
1. 季考核的結果不影響網店客服的底薪發放金額；
2. 若本年度內連續兩個季考核結果均為C，則第二次考核結果為c的季銷售獎勵為本季應得銷售獎勵的50%。

考核週期	等級劃分	績效得分	結果應用
年度考核	A	85分以上	下年度底薪＝本年度底薪×120% 年終加發本年度銷售獎勵總和的10%作為獎金
	B	70～85(含)分	下年度底薪＝本年度底薪年終加發本年度銷售獎勵總和的5%作為獎金
	C	70(含)分以下	下年度底薪＝本年度底薪×95% 年終不加發獎金

說明：
1. 這裏的底薪指年終設定的年度底薪標準；
2. 年度考核的結果作為設定下年度底薪標準和本年度年終獎金金額的依據；
3. 本年度底薪×95%能達到當地政府規定的最低薪資水準。

第 8 條　本辦法由公司人力資源部編制，解釋權歸人力資源部所有。

第 9 條　本辦法自頒佈之日起開始執行。

8 電話銷售人員銷售獎勵方案設計

一、電話銷售人員銷售獎勵方案

電話銷售是指透過打電話開展業務。電話銷售人員的底薪和銷售獎勵組合形式包括（低底薪+高銷售獎勵）和（高底薪+低銷售獎勵）兩種，企業根據自身的發展階段以及所銷售產品的特點選擇合適的組合。

1. 目的

⑴明確電話銷售人員的銷售獎勵設計。

⑵避免產生銷售獎勵爭議。

2. 薪資構成

⑴電話銷售人員的薪資＝底薪+銷售獎勵。

⑵公司根據自身情況和產品特點選擇高底薪+低銷售獎勵或低底薪+高銷售獎勵的薪資形式。

3. 銷售獎勵週期

⑴按時間劃分，銷售獎勵週期分為月、季、半年度和年度。

⑵按銷售項目完成時間劃分，銷售獎勵週期分為一次性銷售獎勵和分次銷售獎勵。

4.銷售獎勵比例設計

(1)按業務量設計銷售獎勵比例

①按業務量設計銷售獎勵比例的設計思路是，每位電話銷售人員每月有一定的銷售任務量，根據每位電話銷售人員的銷售業績計發銷售獎勵，銷售獎勵按銷售額的一定百分比計算。

②銷售獎勵比例會因銷售的產品類別和完成銷售任務量的程度而有所差異，具體的銷售獎勵設計如表 3-8-1 所示。

表 3-8-1　按業務量設計的銷售獎勵表

實際完成銷售任務量的百分比(%)	佔銷售額的百分比(%)		
	產品A	產品B	產品C
0～100%	3%	5%	8%
100%以上	5%	9%	12%

(2)按利潤設計銷售獎勵比例

按利潤設計銷售獎勵比例的目的是為了有效控制銷售費用支出，確保銷售人員在提高銷售業績的同時，合理支出銷售費用，保證公司的銷售利潤。具體設計如表 3-8-2 所示。

表 3-8-2　按利潤設計的銷售獎勵表

實現的毛利率(%)	佔銷售額的百分比(%)		
	產品A	產品B	產品C
0〜2%	1%	2%	3%
2%(含)〜5%	2%	3%	4%
5010(含)〜10%	4%	5%	6%
10%(含)以上	6%	7%	8%
備註	毛利率＝(銷售收入－銷售成本)÷銷售收入×100% 毛利率以財務部核算結果為準		

⑶按產品銷售價格設計銷售獎勵比例

　　按產品銷售價格設計銷售獎勵比例的思路是，按照電話銷售人員銷售產品的價格設計銷售獎勵，產品價格以工廠報價為準。具體設計如表 3-8-3 所示。

表 3-8-3　按產品銷售價格設計的銷售獎勵表

常規產品價格	銷售獎勵佔銷售額的百分比(%)
特價品	1%
5折以下	1%
5(含)～5.4折	2%
5.5～5.9折	3%
6、6.4折	4%
6.5～6.9折	5%
7～7.4折	6%
7.5～7.9折	7%
8～8.4折	8%
8.5～8.9折	9%
9～9.4折	10%
9.5折～原價	11%
非標產品價格	佔銷售額的百分比(%)
按工廠報價出售	1%
超出工廠報價5%	2%
超出工廠報價10%	3%
超出工廠報價15%	4%
以此類推(每超出工廠報價5%，另加1%)	……

註：工廠報價是工廠報給銷售部的實際價格，內容包括原材料價格、生產人員薪資、固定資產折日、工廠稅收、工廠毛利率等。

⑷按電話量設計銷售獎勵比例

按電話量設計銷售獎勵比例的思路是，按照電話銷售人員每天的電話行銷時間和電話量設計銷售獎勵，以完成一筆業務所撥打的電話量為設計依據。具體設計如表 3-8-4 所示。

表 3-8-4　按電話量設計的銷售獎勵表

電話量	銷售獎勵佔銷售額的百分比(%)
在公司規定的電話量內完成業務	5%
超出電話呼出量的10%	4%
超出電話呼出量的20%	3%
超出電話呼出量的30%	2%
超出電話呼出量的50%	1%

5.銷售獎勵發放

⑴在公司規定的時間內發放銷售獎勵。

⑵以實際回款額為基準計提銷售獎勵。

⑶財務部扣除個人所得稅後發放銷售獎勵。

二、電話銷售部經理銷售獎勵方案

1.目的

為了明確電話銷售部經理的銷售獎勵比例設計，提高電話銷售部經理的積極性，特制定本方案。

2.銷售獎勵範圍

⑴電話銷售部經理自行銷售的業績。

⑵電話銷售部的銷售業績。

3.電話銷售部銷售目標

⑴電話銷售部每月銷售目標為 100 萬元。

⑵電話銷售部經理的銷售獎勵比例應以完成銷售目標情況為依據進行設計。

4.電話銷售部銷售獎勵設計

電話銷售部銷售獎勵設計的依據是電話銷售人員完成的銷售任務量。具體的銷售獎勵設計如表 3-8-5 所示。

表 3-8-5　電話銷售部銷售獎勵設計表

實際完成銷售任務量的百分比(%)	銷售獎勵佔銷售額的百分比(%)		
	產品A	產品B	產品C
0～50%	無銷售獎勵	無銷售獎勵	無銷售獎勵
50%(含)～70%	1%	2%	3%
70%(含)～90%	2%	3%	4%
90%(含)～100%	3%	4%	5%
100%(含)以上	5%	6%	7%

5.電話銷售部經理銷售獎勵設計

⑴電話銷售部經理自行銷售業務的銷售獎勵按照「電話銷售部銷售獎勵設計表」計提。

⑵若電話銷售部未完成月銷售目標，不再計提部門銷售獎勵；若完成銷售目標，電話銷售部經理領取部門銷售額的 1%作為獎勵；若超額完成銷售目標，再領取超額部份的 2%。

9 電話銷售人員績效考核設計

一、電話銷售人員的量化指標

序號	考核指標	計算公式	權重(%)	目標值
1	電話銷售額	是否完成銷售任務量	20%	目標值為____萬元
2	電話銷售任務完成率	考核期內實際完成額／考核期內計劃銷售額×100%	20%	目標值為____%
3	銷售回款率	考核期內實際回款額／考核期內計劃回款額×100%	15%	目標值為____%
4	電話呼出量	考核期內呼出的電話量	15%	目標值為____
5	電話銷售費用節省率	（實際支出－費用預算）／費用預算×100%	10%	目標值為____%
6	電話銷售預算超支額	實際電話銷售費用－電話銷售費用預算	10%	目標值為0
7	客戶有效投訴次數	考核期內客戶有效投訴的次數	5%	不超過____次
8	客戶滿意度	透過客戶滿意度調查得到的分值	5%	目標值為____分

量化考核得分總計	
指標說明	1. 根據銷售產品的特點以及電話銷售人員的級別，選擇合適的考核指標。 2. 人力資源部可以根據行業特點、銷售難易程度以及銷售淡旺季，設計合理、科學、可行的考核目標值。
權重說明	1. 電話銷售人員的主要工作是透過電話銷售產品，因此電話銷售額和電話呼出量這兩個指標的權重應加大。 2. 為了有效降低呆壞賬率，應該加大銷售回款率這項指標的權重。
考核結果核算說明	1. 人力資源部負責組織進行對電話銷售人員的績效考核，並核算、統計考核結果。 2. 考核結果為各項指標得分的加權之和。 3. 人力資源部應將考核結果及時發放到個人手中，並對考核結果保密。
考核關鍵問題說明	1. 在對電話銷售人員的實際考核過程中，應適當增加定性指標，例如工作能力和工作態度的考核指標。 2. 根據銷售產品的難易程度設計不同的銷售目標。

二、電話銷售部經理績效考核方案

1.目的

為了明確電話銷售部經理的工作目標和工作責任,以確保電話銷售目標能按期完成,特制定本方案。

2.考核週期

____年____月____日至____年____月____日。

3.主要職責

⑴制定電話銷售部管理規章制度,並監督執行。

⑵制訂電話銷售計劃,並合理分配銷售任務。

⑶實施各項以電話銷售為核心的銷售活動。

⑷負責電話銷售管道的建立與規範工作。

⑸定期或不定期檢查電話銷售與服務工作,一旦發現問題要及時糾正。

⑹做好下屬員工的管理工作。

4.工作目標與考核

(1)銷售業績指標(60分)

電話銷售部經理的業績考核表如下所示。

表 3-9-1　電話銷售部經理業績考核表

考核指標	權重	指標說明	目標值	考核標準
電話 銷售額	25%	考核期內自行電話銷售收入總計	達到 ＿＿萬元	每低1萬元扣＿＿分；電話銷售額低於＿＿萬元時，該項得分為0
電話銷售部 計劃 完成率	25%	部門電話銷售額/部門計劃電話銷售額×100%	達到100%	每低1%扣＿＿分，電話銷售計劃完成率低於＿＿%時，該項得分為0
銷售 回款率	20%	部門實收電話銷售款/部門應收電話銷售總額×100%	達到100%	每低1%扣＿＿分，銷售回款率低於＿＿%時，該項得分為0
電話銷售部 銷售 費用率	20%	部門實際支出電話銷售費用/部門電話銷售收入×100%	控制在9%～15%	低於9%，加＿＿分；控制在9%～15%內，每高1%扣＿＿分；電話銷售費用率高於15%時，該項得分為0
電話銷售預算 超支額	10%	銷售業務支出的電話銷售費用－電話銷售費用預算	0	每超1萬元扣＿＿分，電話銷售預算超過＿＿萬元時，該項得分為0

(2)管理績效指標(40分)

①上級滿意度(30%)

建設與維護公司形象，透過上級滿意度評價分數進行評定，上級滿意度評價目標值為＿＿分，每降低＿＿分，扣＿＿分。

②客戶有效投訴次數(15%)

客戶有效投訴每出現一次扣____分;超過____次時,該項得分為 0。

③客戶滿意度(15%)

透過客戶滿意度問卷調查評定客戶滿意度,其得分應達____分,每低____分,扣____分。

④下屬員工嚴重違紀情況(15%)

若下屬員工嚴重違反公司紀律,該項不得分;若是一般性違紀違規,每發現一次扣____分。

⑤下屬員工培訓工作(15%)

培訓計劃完成率應達到 100%,每減少____%,扣____分;低於%時,該項得分為 0。

⑥員工保有率(10%)

員工保有率應達到____%,每低____%,扣____分;員工保有率低於____%時,該項得分為 0。

5.考核結果應用

考核結果將作為電話銷售部經理發放一次性銷售獎勵獎勵的依據,具體應用如表 3-9-2 所示。

表 3-9-2 考核結果應用

考核等級	考核得分(S)	銷售獎勵比例	銷售獎勵額度
A	90分≤S≤100分	3%	銷售獎勵額度＝（考核期內電話銷售額－銷售成本）×銷售獎勵比例
B	80分≤S＜90分	2%	
C	70分≤S＜80分	1%	
D	60分≤S＜70分	0.8%	
E	S＜60分	無銷售獎勵	

註：考核結束後，計算相應的銷售獎勵額度，經財務部核對無誤後發放。

10 零售店的銷售獎勵方案設計

一、零售店的店長銷售獎勵方案

1. 目的

為了規範零售店銷售獎勵管理，激勵零售店長，提高其愛崗敬業的責任心和工作積極性，特制定本方案。

2. 零售店長職責

⑴全面負責門店管理及運作。

⑵制訂門店銷售、毛利計劃，並指導落實。

⑶傳達並執行公司銷售部的工作計劃。

⑷負責與地區總部及其他業務部門的聯繫溝通。

⑸負責門店各銷售人員的選拔和考評。

⑹指導各銷售人員的業務工作，努力提高銷售、服務業績。

⑺嚴格控制損耗率、人力成本、營運成本，樹立「低成本」的經營觀念。

3.零售店長的薪資構成

⑴零售店長的薪資＝基本薪資+季銷售獎勵+年終獎金。

⑵基本薪資按月發放，季銷售獎勵按季發放，年終獎金按年發放。

4.季銷售獎勵設計

零售店長銷售獎勵採用超額累進的計提方法，具體銷售獎勵比例如表 3-10-1 所示。

表 3-10-1　零售店長銷售獎勵比例表

季銷售額(萬元)	銷售獎勵比例
50(含)以上	3%
30(含)～50	2%
30以下	1%
說明	1. 季銷售任務量為30萬元。 2. 銷售獎勵計算方法 若零售店長第一季實際完成銷售額為4萬元，則銷售獎勵＝30×1%+(40-30)×2%＝0.5萬元；若第二季實際完成銷售額為60萬元，則銷售獎勵＝30×1%+20×2%+10×3%＝1萬元

5.銷售獎勵發放程序

(1)銷售業績的申報

①零售店長依據實際銷售情況制訂「銷售業績報表」，報公司銷售部經理審核。每月申報一次。

②銷售部經理審核「銷售業績報表」後，報財務部審核，由財務部確認銷售業績。

(2)「銷售獎勵報表」的制訂和審核

①公司人力資源部根據財務部審核通過後的「銷售業績報表」，按照銷售獎勵比例計算銷售獎勵並制訂「銷售獎勵報表」。

②財務部審核「銷售獎勵報表」，報分管副總和總經理審批簽字。

(3)銷售獎勵的發放

①零售店長的銷售獎勵每季發放一次，以季實際銷售額計算，並在結算後一個月內與季末月薪資一起發放。

②公司財務部匯總零售店長的銷售獎勵和底薪薪資，扣減個人所得稅後發放。

③當發生退貨、換貨等業務時，銷售獎勵作相應調整。

④公司財務部發放銷售獎勵後，應將「銷售業績報表」和「銷售獎勵報表」交公司財務審計中心備案。

二、零售店的主管銷售獎勵方案

1. 目的

⑴為激勵零售店銷售主管的工作積極性，經研究決定，零售店將全面實行新的薪資制度，主管收入將由基本薪資+銷售獎勵構成。

⑵體現多勞多得的分配原則，宣導透過提高銷售業績創建高效團隊。

2. 零售店主管工作職責

⑴負責帶領下屬員工完成店長分配的銷售任務量。

⑵依據下屬員工的實際情況，分配各銷售專員的月銷售任務量。

3. 零售店主管薪資構成

零售店主管薪資為基本薪資+銷售獎勵。零售店主管底薪 1000元，餐費補貼 200 元。

4. 零售店主管銷售獎勵設置

⑴零售店主管的銷售獎勵每月計提一次。

⑵零售店主管銷售獎勵為下屬員工銷售業績總額的 1%。

⑶零售店主管月銷售任務量為 5 萬元，完成銷售任務量的情況不同，相應銷售獎勵標準也不同，具體的銷售獎勵標準如表 3-10-2所示。

表 3-10-2　零售店主管銷售獎勵比例表

月銷售任務完成情況	銷售獎勵標準
完成銷售任務量的65%以下	無銷售獎勵
完成銷售任務量的65%(含)～90%	領取銷售獎勵的90%
完成銷售任務量的90%(含)～100%	領取全額銷售獎勵
完成銷售任務量的100%以上	領取銷售獎勵的110%

⑷零售店主管自行銷售業績的銷售獎勵比例與銷售專員銷售獎勵比例相同，具體銷售獎勵比例如表 3-10-3 所示。

表 3-10-3　零售店銷售專員銷售獎勵比例表

月銷售情況	銷售獎勵比例
原價銷售	10元/件
6折～9.9折	8元/件
5折～5.9折	5元/件
5折以下	無銷售獎勵

5.售店主管銷售獎勵核算方法

⑴零售店主管銷售獎勵＝下屬員工銷售業績總額×相應銷售獎勵比例+∑自行銷售產品件數×銷售獎勵比例。

⑵舉例說明

某零售店主管下屬員工 8 月份實際銷售 4 萬元,完成銷售任務量的 80%,應領取相應銷售獎勵的 90%;自行銷售數據為:原價銷售產品 10 件、7 折銷售產品 5 件、5.5 折銷售產品 10 件,則該零

售店主管當月銷售獎勵計算如下：

$$銷售獎勵＝40000×1\%+(10×10+5×8+5×10)$$
$$＝400+190＝590 元$$

6.銷售獎勵發放

⑴銷售獎勵每月發放一次，與基本薪資一起發放。

⑵財務部核算零售店主管基本薪資和銷售獎勵總額，扣除個人所得稅後於公司規定日發放。

三、零售店的銷售專員銷售獎勵方案

1.目的

為了建立合理而公正的銷售獎勵比例和核算方法，激發零售店銷售專員的工作熱情和積極性，特制定本方案。

2.薪資構成

⑴零售店銷售專員的薪資由底薪、銷售獎勵及年終獎金構成。

⑵標準月薪＝底薪+銷售獎勵。

3.底薪設定

⑴底薪實行任務底薪，業績任務額度為 10 萬元/月，底薪為1500 元/月；如未完成業績任務額，則底薪＝1500×（實際完成額；業績任務額）。

⑵底薪發放日期為每月 20 日，遇節假日或公休日提前至最近一個工作日發放。

4.銷售獎勵設定

(1)銷售獎勵比例

零售店銷售產品的類別不同，銷售獎勵比例也不同，具體的銷售獎勵比例如表 3-10-4 所示。

表 3-10-4　零售店銷售獎勵計提方法

產品類別	月銷售額（萬元）	銷售獎勵比例
產品A	5以下	未完成銷售任務，無銷售獎勵
	5（含）〜30	1.5%
	30（含）〜50	2%
	50（含）〜80	2.5%
	80（含）〜100	3%
	100（含）以上	3.5%
產品B	5以下	未完成銷售任務，無銷售獎勵
	5（含）〜10	0.5%
	10（含）〜30	1%
	30（含）以上	1.5%
核算說明	1. 銷售獎勵＝月實際銷售額×相應銷售獎勵比例 2.若其銷售專員5月份銷售產品A 25萬元，銷售產品B 15萬元，則其銷售獎勵＝25×1.5%+15×1%＝5250元	

(2)銷售獎勵實施規定

①產品成交單價，在標準價格上（標準價格以公司統一的報價單為準），每降 100 元，銷售獎勵降低 0.2%，不足 100 元按比例計

算,即 0.2×(實際降低額÷100 元)。

②有退換貨業務的,退貨產品沒有銷售獎勵,換貨業務應按換貨的產品價格計提銷售獎勵。

③當月銷售既有產品 A 又有產品 B 的,累計銷售額後按比例算銷售獎勵。

④銷售專員單月累計三次違反零售店銷售管理制度和公司管理制度,公司有權扣除當月銷售獎勵。

5.銷售獎勵發放

⑴銷售獎勵隨底薪一起發放,發放日期為每月 20 日,遇節假日或公休日提前至最近的工作日發放。

⑵公司財務部核算零售店銷售專員的底薪和銷售獎勵後,扣除個人所得稅後統一發放。

6.年終獎發放

年終獎金發放根據公司薪資制度和財務部相關規定執行。

心得欄 _____

_____

_____

_____

_____

_____

11 零售店銷售人員績效考核

一、零售店管理人員績效考核方案

1. 目的

為了激發零售店管理人員的潛能,打造一流的銷售隊伍,增強公司的核心競爭力,同時為公司人員的晉升、薪資調整、培訓與發展等提供決策依據,特制定本方案。

2. 考核原則

本方案以定性與定量相結合、公開、公平為原則。

3. 考核週期

季考核與年度考核相結合。

4. 考核內容與考核指標設置

(1) 考核內容

根據零售店管理人員的職位特點,從銷售和管理兩個方面對其進行考核,具體包括以下內容。

① 銷售團隊組織、培訓、管理能力。

② 行銷策劃能力。

③ 銷售業績情況。

④ 費用率和利潤貢獻能力。

⑤ 日常管理工作。

(2)考核指標設置

零售店管理人員的績效考核指標如表 3-11-1 所示。

表 3-11-1　零售店管理人員績效考核表

考核指標	權重	指標說明	目標值	考核標準
零售店 銷售額	25%	考核期零售店實際銷售額	達到 ＿＿萬元	每增加1萬元，加＿＿分；每降低1萬元，扣＿＿分；銷售額低於＿＿萬元，該項得分為0
銷售計劃 完成率	15%	零售店實際銷售額／零售店計劃實現銷售額×100%	達到100%	每增加1%，加＿＿分；每降低1%，扣＿＿分；銷售計劃完成率低於＿＿%，該項得分為0
年銷售 增長率	10%	(考核期內銷售款－上年度銷售額)／上年度銷售額×100%	達到 ＿＿%以上	每增加1%，加＿＿分；每降低1%，扣＿＿分；年銷售增長率低於＿＿%，該項得分為0
銷售費用 節省率	10%	(上期銷售費用率－考核期銷售費用率)／上期銷售費用率×100%	達到 ＿＿%以上	每增加1%.加＿＿分；每降低1%，扣＿＿分；銷售費用節省率低於＿＿%，該項得分為0
利潤率	10%	考核期內銷售淨利潤／考核期內銷售總收入×100%	達到 ＿＿%以上	每增加1%，加＿＿分；每降低1%，扣＿＿分；利潤率低於＿＿%，該項得分為0

續表

客戶重覆購買率	10%	會員客戶重覆購買的總次數／考核期內會員客戶總數×100%	達到＿＿%以上	每增加1%，加＿＿分；每低1%，扣＿＿分；重覆購買率低於＿＿%時，該項得分為0
新產品銷售收入	10%	考核期內新產品的銷售收入	達到＿＿萬元	每增加1萬元，加＿＿分；每降低1萬元，扣＿＿分；銷售收入低於＿＿萬元，該項得分為0
集團購買銷售額目標達成率	5%	集團購買實際完成的銷售額／考核期內計劃完成銷售額×100%	達到＿＿%以上	每增加1%，加＿＿分；每降低1%，扣＿＿分；目標達成率低於＿＿%時，該項得分為0
下屬員工技能提升率	5%	（考核期得分－上期得分）／上期得分×100%	達到＿＿%以上	每增加1%，加＿＿分；每降低1%，扣＿＿分；下屬員工技能提升率低於＿＿%時，該項得分為0

5.考核結果應用

考核總分為 100 分，可將考核結果分為 A、B、C、D、E 5 個等級。

(1)季考核結果作為季獎金發放的依據，季獎金以零售店季銷售毛利潤額為計算基準，提取一定的比例。銷售獎勵比例如表 3-11-2 所示。

表 3-11-2　季考核結果應用

考核等級	考核得分(S)	銷售獎勵比例	季獎金
A	90分≤S≤100分	3%	季獎金額度＝ (考核期內零售店銷售總 收入－銷售成本)×銷售 獎勵比例
B	80分≤S＜90分	2%	
C	70分≤S＜80分	1%	
D	60分≤S＜70分	0.8%	
E	S＜60分	無獎金	

註：考核結束後，計算相應的銷售獎勵額度，經財務部核對無誤後發放。

(2)年度考核結果作為年終獎發放、調整基本薪資、職位晉升的依據。年終獎額度為零售店銷售淨利潤額度的 2%，具體應用如表 3-11-3 所示。

表 3-11-3　年度考核結果應用

考核等級	考核得分(S)	考核結果應用
A	90分≤S≤100分	職位晉升或基本薪資上調兩個等級，年終獎全額發放
B	80分≤S＜90分	基本薪資上調一個等級，年終獎發放90%
C	70分≤S＜80分	基本薪資不變，年終獎發放80%
D	60分≤S＜70分	基本薪資不變，年終獎發放60%～70%
E	S＜60分	基本薪資扣減20%，無年終獎金

註：年度考核結束後，計算相應的年終獎，經財務部核對無誤後發放。

二、零售店銷售人員績效考核方案

1. 目的

為了使零售店銷售人員明確自己的工作任務和努力方向，讓銷售管理人員充分瞭解下屬的工作狀況，同時促進零售店工作效率的提高，保證公司銷售目標的順利完成，特制定本方案。

2. 考核對象

本方案主要適用於零售店銷售人員的考核，考核期內累計不到崗時間（包括因請假或其他各種原因缺崗）超過 1/3 的銷售人員不參與考核。

3. 考核原則

⑴定量原則：儘量採用可衡量的量化指標進行考核，減少主觀評價。

⑵公開原則：考核標準的制定是透過協商和討論完成的。

⑶時效性原則：績效考核是對考核期內工作成果的綜合評價，不應將本考核期之前的行為強加於本次的考核結果中，也不能取近期的業績或比較突出的一兩個成果來代替整個考核期的業績。

⑷相對公平原則：對於銷售人員的績效考核將力求體現公正的原則，但實際工作中不可能有絕對的公平，所以績效考核體現的是相對公平。

4. 考核週期

⑴月考核：每月進行一次，考核銷售人員當月的銷售業績情況。考核時間為下月的 1～5 日。

⑵年度考核:一年開展一次,考核銷售人員當年 1～12 月的工作業績。考核實施時間為下一年度的 1 月 10～20 日。

5.考核機構

⑴銷售人員考核標準的制定、考核和獎懲的歸口管理部門是公司銷售部。

⑵零售店長負責對零售店銷售人員進行考核,考核結果上報銷售部審批後生效。

6.考核內容和考核指標

對零售店銷售人員的考核主要包括工作績效、工作能力、工作態度三部份內容,其權重設置分別為:工作績效佔 70%,工作能力佔 20%,工作態度佔 10%,具體評價標準如表 3-11-4 所示。

表 3-11-4　零售店銷售人員工作績效考核表

考核指標	權重	評價標準	評分
績效考核			
銷售額 完成率	25%	1.計算公式:實際完成銷售額/計劃完成銷售額×100% 2.考核標準為100%,每低5%,扣除該項1分;每高5%,另行規定	
銷售增長率	15%	與上一月或年度的銷售業績相比,每增加1%,加1分,出現負增長不扣分	
新產品 銷售收入	10%	考核期內新產品銷售收入達到____萬元,每增加____萬元,加____分;每減少____萬元,扣____分,扣完為止	

會員客戶 重覆購買率	10%	1. 會員客戶重覆購買的總次數／考核期內會員客戶 總數×100％； 2. 考核標準為＿＿％，每提高＿＿％，加＿＿分；每降 低＿％，扣＿＿分；低於＿＿％，該項得分為0	
集團購買 銷售目標 達成率	10%	1. 集團購買實際完成的銷售額／考核期內計劃銷售 額×100％； 2. 考核標準為＿＿％，每提高＿＿％，加＿＿＿分；每降 低＿＿％，扣＿＿＿分；低於＿＿％，該項得分為0	
工作能力考核			
專業知識	5%	1. 瞭解公司產品基本知識； 2. 熟悉本行業及本公司的產品； 3. 熟練掌握本崗位應具備的專業知識，但對其他相 關知識瞭解不多； 4. 熟練掌握業務知識及其他相關知識	
溝通能力	5%	1. 能較清晰地表達自己的想法； 2. 有一定的說服能力； 3. 能有效地化解矛盾； 4. 能靈活運用多種談話技巧與他人進行溝通	
分析判斷 能力	5%	1. 不能實際地做出正確的分析和判斷； 2. 能對問題進行簡單的分析和判斷； 3. 能對複雜的問題進行分析和判斷，但不能靈活運 用到實際工作中來； 4. 能迅速地對客觀環境做出較正確的判斷，並能靈 活運用到實際工作中，取得較好的銷售業績	

靈活應變能力	10%	1.應變能力較弱； 2.有一定的靈活應變能力； 3.應變能力較強，能根據客觀環境的變化靈活地採取相應的措施	
工作態度考核			
員工出勤率	2%	員工月出勤率達到100%得滿分，每遲到1次扣1分，扣完為止	
日常行為規範	2%	每違反1次，扣2分	
責任感	3%	1.工作馬虎，不能完成銷售任務且工作態度極不認真； 2.自覺地完成銷售任務，但工作中有失誤且有時推卸責任； 3.自覺地完成銷售任務且對自己的行為負責； 4.除了做好自己的本職工作外，還主動幫助其他同事	
服務意識	3%	出現一次客戶投訴，此項不得分	

7.考核結果應用

(1)月考核結果應用

零售店銷售人員的薪資構成為底薪+銷售獎勵。月考核結果直接與銷售人員的銷售獎勵掛鈎。

當月銷售獎勵＝銷售額×相應銷售獎勵比例×（績效考核得分

÷績效考核標準分)，績效考核標準分根據零售店銷售人員的實際情況，一般設置為 85～100 分。

(2)年度考核結果應用

根據零售店銷售人員的年度績效考核的總得分，公司對不同績效的銷售人員進行銷售級別與薪資的調整，具體調整方案如表3-11-5 所示。

表 3-11-5　零售店銷售人員年度考核結果應用

考核等級	考核得分(S)	銷售級別調整	底薪調整
A	90分≤S≤100分	升兩級	1500元
B	80分≤S<90分	升一級	1200元
C	70分≤S<80分	不變	800元
D	60分≤S<70分	建議降級，給予一定考察期	600元
E	S<60分	建議換/調崗或辭退	—

註：考核結束後，應及時調整銷售人員的薪資底薪級別。

心得欄

12 汽車展示店的售後服務獎勵方案

1.目的

⑴實施按業績付酬，多勞多得。

⑵規範售後服務人員的銷售獎勵管理。

⑶激發售後服務人員的工作積極性和工作熱情。

2.適用範圍

本方案適用於本店售後服務部人員的銷售獎勵管理。

3.售後服務銷售總目標

在 2009 年售後服務總產值的基礎上遞增 10%，2010 年目標產值為＿＿＿萬元(含稅)，分配到四個季的目標產值為第一季＿＿＿萬元，第二季＿＿＿萬元，第三季＿＿＿萬元，第四季＿＿＿萬元。

4.售後服務人員的薪酬構成

售後服務人員的薪酬構成＝基本工資＋銷售獎勵＋考核工資＋津貼＋福利

該薪酬結構中，銷售獎勵根據銷售指標的完成情況予以核發，考核工資根據對售後服務人員的月考評和年度考評的結果核發。

5.售後服務人員月銷售獎勵的計算

售後服務人員銷售獎勵的計算公式如下表所示。

表 3-12-1 售後服務人員銷售獎勵計算公式

售後服務人員職位	銷售獎勵計算公式	考核係數
售後服務經理	銷售獎勵＝（工時費產值×0.5%＋配件產值×0.2%＋維修車次×0.2元/台次）×考核係數	0.9
售後服務經理助理	銷售獎勵＝（工時費產值×0.5%＋配件產值×0.2%＋維修車次×0.2元/台次）×考核係數	0.8
技術主管	銷售獎勵＝（工時費產值×1%＋有效接待車次×0.5元/台次＋崗位補貼300元）×考核係數	1.1
技術專員	銷售獎勵＝（工時費產值×0.8%＋有效接待車次×0.4元/台次＋崗位補貼180元）×考核係數	1.0
配件主管	銷售獎勵＝（配件銷售額×0.25%）×考核係數	1.25
配件員	銷售獎勵＝（配件銷售額×0.12%）×考核係數	1.3
調漆員	（維修台次×0.3元/台次＋油漆銷售額×15%）×考核係數	1.35
前臺服務顧問	銷售獎勵＝（接待台次銷售獎勵＋接待產值銷售獎勵）×考核係數 (1)接待台次銷售獎勵計算：接待台次在0～200範圍，按0.5元/台次計算；接待台次在201～300範圍，按1元/台次計算；接待台次在301以上，按2元/台次計算； (2)接待產值銷售獎勵計算：在0～3.5萬元範圍，銷售獎勵比例為0.4%；在3.5萬～8萬元範圍，銷售獎勵比例為0.6%；在8萬～12萬元範圍，銷售獎勵比例為0.9%；在12萬元以上，銷售獎勵比例為1%	1.1

6.售後服務人員季獎勵辦法

售後服務人員完成季的目標產值,將得到額度不等的獎金,具體的獎金額度如下表所示。

表 3-12-2　售後服務人員季獎金額度

售後服務經理	售後服務經理助理	技術主管	配件主管	技術專員	配件員	調漆員	前臺服務顧問
3000 元	2500 元	2200 元	2200 元	1800 元	1800 元	1800 元	1500 元

13 電器店的維修服務獎勵方案

1.目的

為了提高公司售後維修服務品質,規範售後服務人員的薪酬管理,實現「收入與業績掛鉤」,結合本公司售後服務的具體情況,特制定本方案。

2.適用範圍

本方案適用於在本公司各地售後服務中心從事維修工作的正式員工,不包括試用期的員工。

3.薪酬構成

售後服務人員薪酬＝崗位工資＋績效工資＋客戶滿意獎勵

以上公式中,崗位工資含工齡工資,績效工資＝配件銷售獎勵＋主機銷售獎勵。

(1)崗位工資的確定

針對售後服務人員的崗位工資設立五個級別，根據崗位工資的定級得分確定崗位工資級別，定級得分的計算公式如下：

定級得分＝（技術水準得分×60%）＋（績效考核得分×40%）

售後服務人員定級得分標準如下表所示。

表 3-13-1　售後服務人員定級得分標準

崗位工資級別	技術水準得分	績效考核得分	售後服務人員定級得分標準
S1	根據技術水準評分標準計算售後服務人員的技術水準評定得分	售後服務人員年終績效考核得分	90 分以上
S2			86～90 分
S3			81～85 分
S4			76～80 分
S5			75 分以下

上表中的技術水準評分標準如下表所示。

表 3-13-2　技術水準評分標準

評分項目	項目分值	評分標準
學歷	10	大專及以上學歷得 10 分；中專及其同等學歷得 9 分；高中學歷得 8 分；高中以下學歷為 7 分
資格證書	10	擁有相關崗位資格證書的得 10 分，沒有相應資格證書的則得 0 分
工作經驗	15	從事同目前崗位相關的機械維修的工作時間，3 年及以上為 10 分；2～3 年為 9 分；1～2 年為 8 分；1 年以下為 7 分
客戶投訴	35	該人員在本年度中收到的客戶投訴的次數
技術水準考試	30	每年年末進行一次，統一命題，統一閱卷

　　每年年末根據「售後服務人員技術水準評分標準」和「售後服務人員業績考核指標」計算各售後服務人員的定級得分，根據定級得分，對照「售後服務人員定級得分標準」確定下一年度的工資級別。

⑵績效工資的確定

　　績效工資＝配件銷售獎勵＋主機銷售獎勵

　　　　　　＝配件銷售額×配件銷售獎勵率＋單台主機銷售獎勵額×

　　　　　　主機銷售數量

　　①配件銷售獎勵率如下表所示。

表 3-13-3　　配件銷售獎勵率

服務區域	華北	東北	華東	西北
配件銷售獎勵率	10%	12%	15%	18%
說明	①銷售獎勵率根據上一年各分公司的配件銷售情況分析得出，每年進行調整； ②各分公司在銷售獎勵總額不變的情況下，可對各分公司售後服務中心的配件銷售獎勵率進行局部調整，報公司人力資源部批准後執行			

　　②主機銷售獎勵按考核期內新銷售台數核算，每台銷售獎勵為 150 元。

4.績效工資發放

⑴配件銷售獎勵的發放

　　①配件銷售獎勵與配件銷售回款率掛鈎，配件銷售回款率必須達到＿＿＿%以上，低於＿＿＿%不發放配件銷售獎勵。

　　②配件銷售獎勵按公司配件銷售的出廠價核算，若實際配件銷

售價格低於出廠價格，則差價部份從配件銷售獎勵中扣除。

⑵績效工資的發放以各售後服務中心為核算單位，根據售後服務人員的績效考核得分核算到人。

⑶績效工資分配的步驟

①績效工資總額分配到各售後服務中心後，首先分配售後服務中心主任的績效工資。

售後服務中心主任的績效工資＝（售後服務中心績效工資總額／售後服務中心總服務人員）×2×（售後服務中心主任績效考核得分／100）

②普通售後服務人員績效工資按售後服務中心績效工資餘額，根據各售後服務人員績效考核得分分配。

售後服務人員績效工資＝［（售後服務中心績效工資總額－售後服務中心主任實際績效工資）／服務站所有售後服務人員（不含售後服務中心主任）績效考核得分總額］×售後服務人員績效考核得分。

③舉例說明

某服務中心共有 7 位售後服務人員（包括售後服務中心主任），若售後服務中心主任的績效考核得分是 84，普通售後服務人員 A、B、C、D、E、F 共 6 位售後服務人員的績效考核得分分別是 93、86、77、68、65、71。該服務中心的績效工資總額為 22 萬元，則其績效工資分配如下。

售後服務中心主任績效工資＝（22/7）×2×（84/100）＝5.28 萬元

售後服務中心 A 員工的績效工資＝（22－5.28）/（93＋86＋77＋68＋65＋71）×93＝3.38 萬元

5.客戶滿意獎勵

⑴該項獎勵是向維護良好的客戶滿意度的售後服務人員發放的特別獎勵。

⑵統計和計算辦法

①每月對售後服務人員服務派工單的客戶滿意度得分進行統計。

②年末統計售後服務人員月均客戶滿意度得分

售後服務人員月均客戶滿意度得分＝∑售後服務人員月客戶滿意度得分／12

③年末統計各售後服務中心年均客戶滿意度得分

服務中心年均客戶滿意度得分＝∑服務中心售後服務人員年度客戶滿意度得分／售後服務人員人數

⑶獎勵辦法

①對全國得分前 5 名的售後服務人員給予一次性獎勵。

②對全國得分最高的售後服務中心(可並列)給予一次性獎勵。

⑷獎勵發放要求

①有客戶投訴敗訴記錄的售後服務人員不得參與客戶滿意獎評比，服務站客戶投訴敗訴記錄超過全國平均水準的售後服務中心，不得參與客戶滿意獎的評比。

②客戶滿意度在每次故障維修成功和例檢服務完成後，由客戶在「維修記錄單」和「例檢服務記錄單」上打分；對客戶滿意度打分弄虛作假的售後服務人員，一經發現，即取消該人員和該人員所屬售後服務中心客戶滿意度獎勵評選資格，並酌情給予造假人員罰款、開除等處分。

14 軟體業的售後服務人員獎勵方案

1. 目的

為了持續向客戶提供優質的軟體產品服務，保證現有售後服務人員隊伍的穩定，激發售後服務人員的工作熱情，特制定本方案。

2. 適用人員及其職責

(1) 部門經理的主要職責

①制訂本部門的月工作計劃及資金預算。

②協調處理客戶針對本部門人員的投訴。

③分配客戶，及時協調客戶經理的工作任務。

④匯總每名員工的工作意見，及時和客服總監溝通。

⑤不定期對客戶進行抽樣調查，分析調查結果，報總經理審批。

⑥協助人力資源部組織開展員工培訓工作，提高員工的專業技能。

⑦負責重點客戶的關係維護工作。

⑧負責控制員工加班和差旅費，節省維護成本。

(2) 經理助理的主要職責

①協助經理開展各項工作。

②接聽客戶來電，詳細記錄客戶回饋的問題及需要解決的時間。

③匯總客戶經理維護記錄，定期匯總相關問題。

④提醒客戶經理同服務到期的客戶簽訂維護合約。

⑤不定期通過電話訪問客戶,調查服務品質,維護客戶關係。

⑥負責公司、部門會議的通知及相關文件的收發工作,並及時存檔。

(3)客戶經理的主要職責

①負責部門經理所分配的客戶服務工作,協調客戶關係。

②負責進行每次客戶服務的記錄,提供給經理助理進行匯總統計。

③負責向經理回饋客戶需求,以便公司為客戶提供相應的解決方案。

④嚴格執行部門經理安排的工作任務。

⑤負責簽訂客戶維護合約,並收取款項。

⑥主動上門或電話訪問客戶,及時向客戶傳遞公司最新的業務信息。

⑦負責學習軟體新的功能點,以便更好地向客戶提供優質服務。

(4)技術工程師的主要職責

①負責客戶數據庫問題的處理工作。

②培訓客戶經理日常數據庫的處理方法、報表開發等工作。

③負責日常數據庫處理方法的匯總工作,以供客戶經理參考。

3.薪酬構成

⑴薪酬收入＝基本工資＋績效工資＋工齡工資＋津貼補助＋
　　　　　福利

其中,績效工資＝季獎金＋年終獎金

(2)薪酬構成中，部門經理固定收入與變動收入的比例保持在 6：4，除部門經理外的其他人員的固定收入與變動收入的比例保持在 7：3。

4.銷售獎勵設計

銷售獎勵以績效工資的形式實現，而績效工資＝季獎金＋年終獎金＋特別獎金

(1)季獎金的設計

季獎金＝季業績考核獎金＋其他考核獎金

①季業績考核的指標

季業績考核獎金基於對銷售收入指標和成本費用指標兩大業績指標的考核確定。銷售收入指標和成本費用指標的設計如下表所示。

表 3-14-1　銷售收入指標和成本費用指標設計

人員構成	客戶服務部經理	客戶經理	技術工程師	經理助理
銷售收入 指標設計	T×20%	T×20%×50%	T×20%×30%	T×20%×20%
成本費用 指標設計	C×18%	C×18%×50%	C×18%×30%	C×18%×20%
說明	T 為公司銷售收入計劃總額，C 為公司成本費用計劃總額			

②季業績考核獎金計算

a.銷售收入獎金的計提比例設計和獎金額度計算如下表所示（假設銷售收入目標值為 100 萬元）。

表 3-14-2 銷售收入獎金計提比例設計和獎金額度計算

單位：萬元

銷售收入 目標額(M)	銷售收入 實際額(N)	銷售收入 完成率(R)	銷售收入銷 售獎勵比例 (T)	銷售收入 獎金額度(X)
100	$N_0 < 70$	$N_0/100 \times 100\%$	0	0
100	$70 \leq N_1 < 90$	$N_1/100 \times 100\%$	0.7T	$X_1 = N_1 \times 0.7T$
100	$90 \leq N_2 < 100$	$N_2/100 \times 100\%$	0.9T	$X_2 = X_1 + (N2 - N_1)$ $\times 0.9T$
100	$100 \leq N_3 < 120$	$N_3/100 \times 100\%$	1.0T	$X_3 = X_2 + (N_3 - N_2)$ $\times 1.0T$
100	$N_4 \geq 120$	$N_4/100 \times 100\%$	1.2T	$X_4 = X_3 + (N_4 - N_3)$ $\times 1.2T$
備註	\multicolumn{4}{l}{T為銷售獎勵基準參數，計算公式為： T＝公司上一年度利潤率×80%×部門修正係數 其中，客戶服務部的修正係數為 0.15}

b.季業績獎金應發額度

當成本費用實際額≥成本費用目標額時，季業績獎金應發額度
＝銷售收入獎金額

當成本費用實際額＜成本費用目標額時，季業績獎金應發額度
＝銷售收入獎金額＋(成本費用目標額－成本費用實際額)

(2)年終獎金的設計

①年終獎金的發放條件和依據

a.根據公司全年的經營效益發放。

b.公司設置年度的預期利潤額，只有實際利潤額達到預期利潤額以上時，才能計發年終獎金。

②客戶服務部年終獎金總額

客戶服務部年終獎金總額＝公司年終獎金總額×15%

＝公司當年稅後利潤總額×30%×15%

③客戶服務部年終獎金分配辦法

具體的年終獎金分配比例如下表所示。

表 3-14-3　客戶服務部年終獎金分配比例

職位	客戶服務部經理	客戶經理	技術工程師	經理助理
比例	30%	35%	25%	10%

5.銷售獎勵的發放

⑴季業績獎金每季核算一次，並在下一季第一個月的 10 日前發放。

⑵年終獎金每年核算一次，並在下一年度第一個月的 20 日前發放。

第 四 章

銷售相關部門人員的薪酬與考核

1 市場總監的薪酬與考核

(一)崗位描述

1. 總體工作目標

為達成公司總體工作目標而制定各項市場行銷策略及組織各項促銷推廣活動，提高和維護企業品牌形象；有計劃地組織市場調研、信息匯總和分析各項數據，為決策層提供可靠的行銷決策支援。

2. 工作職責

⑴協助制定公司中長期發展策略，為公司整體行銷決策提供參考；

⑵組織擬定年度行銷計劃並監督執行(行銷策略、行銷計劃)，並將行銷計劃按月別、區域別、產品別進行分解；

⑶監控執行市場規劃與行銷預算；

⑷監控年、季、月專項市場推廣策劃及公關活動；

⑸協助行銷總部的品牌傳播部，制定年度廣告、公關計劃和預算，並監督投放過程和效果，及時評估和調整建議；

⑹負責產品發展策略的制定，以及對產品結構調整方案的制定；

⑺監督、審核新產品的研發計劃及上市策劃，並監督評估；

⑻依據市場的實際需求，對產品價格的制定及調整方案負全責；組織擬訂本部門的工作規範，行為準則及獎罰制度；

⑼指導本部門各項工作的實施，通過檢查週、月、季、年的計劃安排及執行狀況，控制工作的進程；

⑽擬定本部門工作人員資信及其業績表現，負責招聘、培訓及調配本部門人員；

⑾對市場部發生的各項費用進行審核及事後評估；

⑿協調部門內部及與其他部門之間(採購、生產、配送、財務、銷售)的合作關係；

⒀與研發、銷售部門磋商，結合市場情況作出合理和前瞻性的新產品開發計劃；

⒁與銷售部門配合進行分銷管道及管道政策設計與完善；

⒂協助銷售部門實施市場推進工作，對過程和結果進行監控和評估；組織並實施行銷信息系統的建設，輔助、指導信息部門收集各類信息，並對信息的準確性、及時性負全責；

⒃定期進行市場走訪及客戶拜訪，以便能親身體會市場的變化及客戶的需求。

3.工作權限

⑴對部門月及年度工作計劃的申請權及指導執行權;

⑵對部門內部的人員管理權及任免權,對於直屬下級的建議任免權,報上級行銷本部行銷總監審批;

⑶對下屬人員工作的培訓、督導、考核權;對各項廣告、策劃、推廣方案的審批權;

⑷對新產品研發、上市方案的審批權;

⑸對包裝設計的審批權;

⑹對各類供應商、執行商的招標決定權;

⑺行使對部門各項工作、活動的評估權;

⑻對部門各項費用的控制審批權(預算費用之內的經費不超過×××萬元);

⑼對相關部門相互配合及服務水準的評估權。

4.工作內容(按期間劃分)

(1)年度

‧ 編制年度行銷計劃及具體行動方案;

‧ 參與編制年度預算,並進行月分解;

‧ 制定分銷商戰略夥伴合作模式並進行選擇;

‧ 編制銷售折扣、返利政策;

‧ 編制年度促銷/廣告狀況總結報告,制定年度促銷/廣告計劃和費用預算;

‧ 編制對廣告、媒介或公關服務供應商的篩選條件並進行評估;

‧ 組織、安排新產品開發;

- 對新產品上市品質、上市 3 月後的市場表現進行評估；
- 制定價格體系維護管理（調整）方案。

(2) 季

- 審核銷售部各辦事處的促銷計劃及監督其執行，並進行事中、事後評估；
- 對各辦事處傳播計劃執行情況進行評估；
- 對管道促銷、消費者促銷、廣告效果進行評估；
- 對上季預算量進行總結。

(3) 月

- 組織編制各產品月行銷計劃及銷售預測，對銷售預測準確率進行分析；
- 制定分解辦事處月傳播費用預算；
- 審批辦事處傳播方案，調整辦事處傳播費用預算；
- 制定產品價格策略；
- 制定銷售管道的配置計劃；
- 檢查辦事處銷售折扣、返利政策方案的執行情況；
- 規劃傳播策略。

(4) 日常操作

- 向各部門協商信息需求，並進行信息收集，組建和完善行銷信息系統；
- 對市場促銷／廣告行為進行監控，並調整年度促銷／廣告計劃；
- 控制行銷預算，監督市場運作；
- 協助行銷總部品牌傳播部進行品牌管理、對外宣傳形象工

作；

· 負責組織編制各產品的知識培訓手冊、導購員培訓手冊、促
   銷方案執行手冊，同時做好相關人員的培訓工作；

· 提出統一的售點生動化要求。

5.任職資格

⑴年齡在 35 歲左右；

⑵本科或本科以上學歷，行銷專業（能力突出者不受此限制）；

⑶具有成功的快速消費品行業市場管理經歷；

⑷很強的解決問題和應變能力，嚴密的思考分析、組織、計劃
能力；

⑸較強的溝通能力及正直的品格；

⑹熟練使用 office 軟體及其他軟體。

6.工作關係描述

(1)直接上級

· 液奶行銷本部總經理。

(2)直接下級

· 信息經理、整合傳播經理、各產品科經理。

7.工作對象

(1)公司內部

· 銷售管理部、財務部、生產部門、技術部門、物流管理部。

(2)公司外部

· 廣告公司、媒介公司、調研公司、行業協會、政府機關、新
   聞媒體等。

(二)考核示例

2003 年 1～6 月，市場總監關鍵經營管理目標考核量表(績效考核委員會用表見表 4-1-1)

表 4-1-1　市場總監關鍵經營管理目標考核量表

考核內容	績效指標	權重	目標完成水準	權重	考核評分
財務層面	銷售目標完成率	70	80	30	
	費用的的使用	30	100		
	小計				25.8
客戶層面	市場佔有率	25	80	30	
	新產品市場開發成功率	25	90		
	客戶滿意度	25	70		
	新客戶獲得率	25	80		
	小計				24
內部業務流程層面	產品結構控制	40	90	30	
	年度行銷計劃的制度和執行情況	30	80		
	行銷信息系統建設情況	30	90		
	小計				17.4
學習與成長層面	員工保持率	30	70	20	
	員工生產率	40	80		
	人員培訓執行情況	30	80		
	小計				15.4
總分	—		—		82.6

2 銷售總監的薪酬與考核

(一)崗位描述

1.總體工作目標

領導、培養、激勵銷售隊伍，使團隊完成公司總體目標（銷量、利潤等）；同時以高效的手段保證公司實現長期、穩定和可持續發展。

2.工作職責

⑴協助制定公司中長期發展策略，為公司整體行銷決策提供參考；

⑵根據行銷本部的戰略及行銷目標，制定銷售部及其地區別、時間別及產品別的銷售計劃與預算，包括銷售額、銷售費用、庫存量、一級客戶開發數、零售市場覆蓋率、市場佔有率等，並分解到各大區，對全國市場各項銷售指標的完成負全面責任；

⑶與市場部共同制定銷售策略和銷售政策（包括獎勵及激勵政策），並對全國市場的銷售執行效果負全面責任；

⑷對全國市場各省區各項銷售指標的完成過程進行指導、監控和調整，以確保各項銷售指標的合理性、準確性與可行性；

⑸與市場部共同對省區制定的年度行銷計劃進行審核，同時對其執行過程進行指導及監控；

⑹負責對全國市場一線進行巡查、管理、支持和監控，並對其

市場價格和貨品流向的執行結果負責；

(7)制定和完善銷售管理制度，並對其執行效果負全責；

(8)負責全國市場的銷售費用預算、地區銷售費用審核，銷售合約的審定與監控，並對全國市場貨款回收的及時性和安全性負責；

(9)建設並管理銷售隊伍，根據銷售隊伍的實際狀況，制定相應的培訓方案；

(10)制定銷售隊伍的激勵及獎懲制度，並確保該制度的完整實施；

(11)負責協調銷售部與其他部門及部門內部的溝通與配合，以及相關信息的及時收集、整理、分析與回饋。

3.工作權限

(1)制定年度銷售政策的申請權；

(2)對各大區經理制定的年度工作計劃的審核權；

(3)根據實際銷售目標達成情況的變化，不斷調整原定計劃的上報權；

(4)負有對管理計劃實施過程的監控權；

(5)有提出銷售部組織結構變動及人員調整方案建議權；

(6)對下屬經理工作的評估權；

(7)對銷售部的人員有建議任免權；

(8)對在計劃範圍之內的銷售費用（×××萬元）有審批權。

4.工作內容（按期間劃分）

(1)年

· 參與編制年度行銷計劃及具體行動方案；

· 根據行銷本部總體戰略目標及行銷目標，制定銷售部的各大

區別、時間別及產品別的銷售計劃與預算;

· 協助制定年度區域及管道促銷計劃（非消費者）;

· 協助制定銷售折扣、返利政策;

· 協助市場部制定年度定價策略;

· 協助新產品的開發、上市工作;

· 完成客戶發展目標、銷售指標及其他指標;

· 參與年度地區與管道規劃（包括特殊管道）。

(2) 季

· 執行並完成預測的客戶發展目標、銷售指標及其他指標;

· 對預算執行情況進行總結與調整;

· 對各區域傳播計劃執行情況進行評估;

· 評估、審批各區域的銷售政策;

· 制定分解各區域季促銷費用預算。

(3) 月

· 執行並完成預測的客戶發展目標、銷售指標及其他指標;

· 與市場行銷部、財務科協同編制月行銷計劃及銷售預測;

· 檢查各區域銷售折扣、返利政策方案的執行情況;

· 與財務科編制資金需求計劃及資金回籠計劃。

(4) 日常操作

· 執行並完成預測的客戶發展目標、銷售指標及其他指標;

· 對批發商和零售商的開發、選擇、管理、支援、評估與激勵;

· 負責回收經銷商的銷售回款和及時補貨,並協助其進行深度分銷和市場管理;

· 制定銷售預測,確保銷售預測和銷售計劃達成的準確性並做

好產銷銜接；

‧ 與物流管理部配合，使其高效率的做好物流工作；

‧ 市場一線信息的收集工作。

5.任職資格

⑴年齡 30 歲以上；

⑵大學本科以上學歷；

⑶6 年以上工作經驗，行銷管理工作經驗 3 年以上；

⑷具備較高水準的理論基礎和實踐經驗，全面的綜合素質；

⑸較強的溝通能力及正直的品格；

⑹熟練使用 office 軟體或其他軟體。

6.工作關係描述

⑴直接上級

‧ 行銷本部總經理

⑵直接下級

‧ 各大區經理及銷售部內各職能經理

7.工作對象

⑴公司內部

‧ 市場行銷部、物流管理部、財務科、生產部門、技術部門、
客戶服務部

⑵公司外部

‧ 所有直供客戶

（二）考核示例

考核內容	績效指標	權重	目標完成水準	權重	考核評分
財務層面	銷售量（額）同期增長率	30	80	30	
	銷售目標完成率	30	100		
	銷售費用佔收入的比重	20	70		
	費用的控制	20	80		
	小計				25
客戶層面	細分市場佔有率	25	80	30	
	市場覆蓋目標	25	90		
	經銷商滿意度	25	70		
	客戶保持率	25	70		
	小計				24
內部業務流程層面	訂單處理週期	20	90	20	
	到貨及時性	30	80		
	貨款回收期、回收比例	30	90		
	市場監控	20	70		
	促銷管理執行	20	100		
	小計				17
學習與成長層面	員工保持率	30	70	20	
	員工生產率	40	80		
	人員培訓執行情況	30	80		
	小計				16
總分	—		—		82

3 大區經理的薪酬與考核

(一)崗位描述

1. 總體工作目標

負責本區域的銷售運作,以實現區域的銷售目標(銷量,利潤等),同時保證本區域市場的健康發展。

2. 工作職責

⑴負責完成管轄區內的銷售目標、分銷、覆蓋、傳播的目標,及貨款回籠;

⑵管理、協調本地區內各分銷管道,建設區域分銷網路;

⑶制定並執行本地區年、季、月銷售計劃、費用預算和貨款回籠計劃,並對本區的各項銷售指標進行分解,細化到每個管道;

⑷協助市場行銷部制定本地區的促銷計劃,並負責組織執行、監控執行效果;

⑸嚴格貫徹和執行行銷部下達的市場價格及貨品流向管理制度,確保本區域市場環境的有序管理;

⑹提供準確的銷售預測;

⑺負責本區市場一線信息的及時收集、分析與回饋;

⑻管理督導及監控本區域銷售人員的工作;

⑼負責對區域內銷售人員的培訓、激勵及評估;

⑽負責管理並控制本區內各項預算與費用的使用,負責審核辦

事處人員的費用報銷；

⑾負責本區域內目標庫存的管理工作，定期收集並統計分銷商及零售終端的庫存，並對本區域的庫存結構負責；

⑿協助市場部搞好與當地政府、金融機構、新聞機構及社區等的關係，樹立良好的企業形象；

⒀與物流管理部配合，使其高效率的做好物流工作；

⒁對本區內的各項售後服務工作負責，對人員及相關部門的服務品質進行考評，同時要定期對公司的售後服務政策提供建設性的意見，以便從整體上提高公司的服務水準。

3.工作權限

⑴具有對地區月及年工作計劃的申請權及指導執行權；

⑵具有對地區銷售資源投入的申請和分配權；

⑶具有對下屬人員的管理權；

⑷具有對下屬人員工作的培訓、督導權；

⑸對本地區分銷商的選擇/撤銷的建議權；

⑹具有對貨物流向的指導、監控權；

⑺具有對銷售訂單的審核協調權；

⑻有對客戶投訴處理權；

⑼有對本地區管道網點的審核、建立的權利；

⑽對在計劃範圍之內的銷售費用（×××萬元）有審批權。

4.工作內容（按期間劃分）

(1)年度

·編制年度工作總結，下年度銷售計劃和預算；

·編制年度促銷/廣告總結及下年度計劃。

(2)季

- 季預算的總結及調整；
- 總結本地區傳播計劃執行情況並調整；
- 擬定各管道/區域銷售政策及管道促銷計劃。

(3)月

- 執行並完成預測的客戶發展目標、銷售指標及其他指標；
- 按月分解目標安排銷售；
- 編制月工作總結和行銷計劃；
- 編制月資金需求計劃及資金回籠計劃；
- 參加產銷平衡會議。

(4)日常操作

- 對批發商和零售商的開發、選擇、管理、支援、評估與激勵；
- 制定銷售預測，確保銷售預測和銷售計劃達成的準確性；
- 執行各種促銷活動並監控其執行效果；
- 銷售折扣與返利政策的確認、執行、及評估；
- 定期收集、檢查、分析及處理市場價格體系執行情況；
- 與物流管理部配合，使其高效率的做好物流工作；
- 收集及上報銷售、傳播、客戶、競爭對手等信息。

5.任職資格

(1)年齡 35 歲以下；

(2)大學本科或本科以上學歷；

(3) 3 年以上銷售管理經驗（最好是消費品行業）；

(4) 5 年以上實際銷售經驗；

(5)具有領導才能/溝通技巧；

⑹熟練使用 office 軟體或其他軟體。

6.工作關係描述

⑴直接上級

‧銷售總監

⑵直接下級

‧各管道經理或城市銷售經理、傳播主管、銷售內勤、文員

7.工作對象

⑴公司內部

‧市場行銷部、物流管理部、財務科、生產部門、技術部門、客戶服務部

⑵公司外部

‧所有公司客戶

(二)考核示例

對大區經理績效考核的程序、方法及各指標在考核中所佔的比重等可參照銷售總監的考核方法進行。下面僅列出關鍵經營管理目標考核量表，沒再給出權重數（見表 4-3-1）。

表 4-3-1　考核示例

考核內容	績效指標	權重	目標完成水準	權重	考核評分
財務層面	銷售量（額）同期增長率				
	銷售目標完成率				
	銷售費用佔收入的比重				
	費用的控制				
	小計				
客戶層面	細分市場佔有率				
	市場覆蓋目標				
	經銷商滿意度				
	客戶保持率				
	小計				
內部業務流程層面	訂單處理週期				
	到貨及時性				
	貨款回收期、回收比例				
	市場監控				
	促銷管理執行				
	小計				
學習與成長層面	員工保持率				
	員工生產率				
	人員培訓執行情況				
	小計				
總分					

4 銷售代表的薪酬與考核

(一)崗位描述

1.總體工作目標

負責所指定區域的業務開發,完成銷售目標和應收賬款回收,提高品牌在終端的能見度及銷量,開拓銷售網站,提高市場佔有率及覆蓋率。

2.工作職責

⑴依據片區細化的零售銷售目標,制定所轄區終端的開發和拜訪計劃,並對所轄終端開發的數量及品質指標負全面責任;

⑵依據終端網點的拜訪計劃,積極有效、保質保量地拜訪終端客戶並締結定單,完成所轄區域的終端市場覆蓋指標;

⑶負責協調終端之間、終端與批發商之間的矛盾和衝突,保證分銷管道的暢通和市場的穩定;

⑷負責向終端傳達公司最新的銷售政策和市場動態信息,並對其利用和執行給予足夠的支援、協助和監控;

⑸依據市場行銷本部政策,嚴格指導和監控終端的價格,確保終端的積極性和合理利潤;

⑹負責各終端管道、競品及消費者信息的收集、整理和回饋,並對其所提供信息的真實、準確、有效和及時負全責;

⑺協助和監督終端做好庫存管理,保證產品庫存的合理性。負

責和市場推廣專員共同對促銷員進行巡視、培訓和管理，不斷提升
促銷員的銷售和服務技能；

⑻負責配合地區市場推廣專員共同做好終端的市場推廣工作
（POP、促銷活動等）。

3.任職資格

⑴高中以上文化程度；

⑵具備業務談判技巧；

⑶刻苦耐勞；

⑷具備較強的溝通能力；

⑸熟悉或具備餐飲系統經驗。

4.工作關係描述

⑴直接上級

‧銷售主管

⑵直接下級

5.工作對象

⑴公司內部

‧銷售部

⑵公司外部

‧顧客、商場、廣告公司

(二)考核示例

關鍵經營管理目標考核

對終端銷售代表的考核可參照批發銷售代表的考核方法進行。下面只列出最常用的考核指標，不再給出權重數。

表 4-4-1　2003 年 1 季終端銷售代表關鍵經營管理目標考核量表
（直接主管用表）

考核內容	績效指標	權重	目標完成水準	權重	考核評分
財務層面	銷售量（額）同期增長率				
	銷售目標完成率				
	小計				
客戶層面	市場佔有率				
	市場覆蓋目標				
	經銷商滿意度				
	客戶滿意率				
	小計				
內部業務流程層面	貨款回收期、回收比例				
	客戶拜訪計劃完成情況				
	促銷管理執行				
	信息收集情況				
	小計				
學習與成長層面	經驗分享				
	自我學習能力				
	小計				
總分	—				

5 銷售部內勤員的薪酬與考核

(一)崗位描述

1.總體工作目標

負責各項銷售數據統計工作，以及為銷售人員提供後勤服務。

2.工作職責

⑴負責所在銷售部門各種資料的歸檔與管理工作；

⑵負責所在銷售部門日常辦公文件的事務處理工作；

⑶記錄客戶的要貨計劃並與銷售行政部聯繫發貨，錄入銷售訂單；

⑷協助各區銷售代表做好客戶的對賬工作，並協助業務銷售代表做對帳單；

⑸匯總所在銷售部門市場推廣、駐外銷售人員的各項費用，進行報銷；

⑹負責所在銷售部門的促銷品倉庫的管理，促銷品及時、保質、按量出入庫，嚴格按照手續辦理出入庫；

⑺負責記錄經銷商的投訴，上傳給銷售行政部，並跟蹤解決；

⑻負責對各區域提供的未來兩週的銷售預測收集及錄入、匯總、整理工作；

⑼協助所在銷售部門經理進行內部信息的上傳下達及橫向部門間的信息傳遞。

3.任職資格

⑴ 25 歲以上；

⑵大專學歷(財會專業優先)；

⑶具備 2 年實際工作經驗；

⑷具有分析、協調、管理能力；

⑸會操作電腦，能熟練運用辦公軟體、互聯網、收發電子郵件等。

4.工作關係描述

・直接上級

・所在銷售部門主管

工作對象

(1)公司內部

・銷售部、市場行銷部、財務部、物流部

(2)公司外部

・管道客戶、經銷商等

(二)考核示例

對於銷售部一般員工的考核可參照銷售代表的考核方法進行。下面列出由直接主管考核的關鍵經營管理目標考核量表，不再給出權重數。

表 4-5-1　2003 年 1 季銷售內勤關鍵經營目標考核量表 （直接主管用表）

考核內容	績效指標	權重	目標完成水準	權重	考核評分
財務層面					
	小計				
客戶層面	經銷商滿意度				
	小計				
內部業務流程層面	相關檔案歸檔及時率				
	銷售統計的及時率				
	銷售統計的準確率				
	銷售統計分析				
	庫存信息收集整理				
	小計				
學習與成長層面	經驗分享				
	自我學習能力				
	小計				
總分	—				

6 產品經理的薪酬與考核

(一)崗位描述

1.總體工作目標

為達成總體目標而制定各產品的市場行銷策略及銷售預測,為提高和維護企業品牌形象制定各產品的推廣計劃及產品價格體系維護。

2.工作職責

⑴及時地收集、處理所負責產品各方面的信息,為本人及相關人員的決策提供依據;

⑵確定產品發展目標與戰略,負責制定產品行銷計劃,特別是年度產品行銷計劃;

⑶制定各時期的促銷目標與方案,確定促銷費用,並對促銷結果進行評估;

⑷協助廣告及整合傳播科進行產品的廣告企劃以確保廣告品質,並對廣告費用的支出和傳播效果進行監督與評估;

⑸根據銷售部門提供的銷售預測,結合相關信息進行市場預測並協助制定生產計劃,與生產部門協調,降低生產成本並保證產品品質;

⑹參加與所負責產品相關的各種會議,共同尋求問題的解決方式;

⑺協助及時處理該產品各種危機事件，維護產品形象；

⑻以產品負責人的角色，協調市場、銷售、生產、研發等部門間的關係；

⑼負責新產品開發過程的組織協調和控制；

⑽新產品上市企劃（包括定位、價格、包裝、名稱、視覺形象、廣告、促銷等）；

⑾與公司共同確定產品價格，根據市場變化及時提出調整價格的建議及方案；

⑿有效地進行團隊管理工作，共同推進年度產品行銷計劃各項工作的實施；

⒀定期進行市場走訪，尋求各區域公司員工及中間商對該產品的支援要求並獲取最新市場信息。

3.工作權限

⑴對產品助理工作的分配權；

⑵對產品助理工作的審核評估權和建議任免權；

⑶推廣促銷活動的執行評估權；

⑷產品價格調整的建議權；

⑸產品結構調整的建議權；

⑹新產品開發全過程的相關項目小組成員的評估權。

4.任職資格

⑴年齡 28 歲以上；

⑵本科及本科以上學歷（市場行銷專業）；

⑶具有一定的產品管理工作經驗（在大型公司擔任過相關工作的優先考慮）；

(4)有很強的協調能力，邏輯性強，對市場有敏銳的洞察力；

(5)較強的市場分析能力；

(6)熟練運用辦公軟體、互聯網、電子郵件等電腦操作。

5.工作關係描述

(1)直接上級

· 市場總監

(2)直接下級

· 產品副理

6.工作對象

(1)公司內部

· 銷售部、財務部、生產部門、研發部門、物流管理部

(2)公司外部

· 調研公司、行業協會、廣告公司、政府機關等

 心得欄

(二)考核示例

　　由於對中層經理四個方面考察的程序、方法大致相同，可參照信息經理的考核方法進行。下面僅列出考核的關鍵經營管理指標，不再給出權重數（見表 4-6-1）。

表 4-6-1　考核示例

考核內容	績效指標	權重	目標完成水準	權重	考核評分
財務層面	費用控制達成率				
	利潤目標達成率				
	新產品佔全部產品銷售量（額）比例				
	費效比				
	小計				
客戶層面	消費者走訪計劃執行情況				
	產品品質客戶滿意度				
	產品形象客戶評價				
	小計				
內部業務流程層面	產品創意接受率				
	新產品開發成功率				
	產品銷售預測準確率				
	產品說明書編制情況				
	產品知識培訓手冊編制情況				
	小計				
學習與成長層面	關聯協作能力				
	領導能力				
	小計				
總分	—				

7 廣告公關主管的薪酬與考核

(一)崗位描述

1. 總體工作目標

依據年度行銷戰略和總體品牌規劃建設方案,制定企業的品牌建設方案,以提高和維護企業產品的整體形象。

2. 工作職責

⑴負責對年度行銷計劃中的廣告傳播部份進行細化,形成具體執行方案;

⑵與總部品牌傳播部配合,對廣告媒介投放形式進行策劃、監測及評估;

⑶收集競品的相關資料,以協助選定有效的廣告媒介;

⑷組織實施年、季、月、節假日公關活動;

⑸負責組織有關行銷本部、產品及服務軟性文章的編寫;

⑹負責審核地區性公關活動計劃並給予指導和修正,監督其執行;

⑺負責制定公關活動的費用預算及使用申請;

⑻建立公司產品服務和主要競爭對手的軟性宣傳發佈檔案並加以分析整理;

⑼及時協助處理突發危機事件。

3.任職資格

⑴ 25 歲以上；

⑵大專或大專以上學歷；

⑶至少 1 年以上相關工作經驗；

⑷邏輯性較強，對市場有敏銳的洞察力；

⑸較強的市場分析能力；

⑹熟練運用辦公軟體、互聯網、電子郵件等電腦操作。

4.工作關係描述

(1)直接上級

‧ 整合傳播經理

(2)直接下級

‧ 無

5.工作對象

(1)公司內部

‧ 行銷總部品牌傳播部、市場行銷部

(2)公司外部

‧ 廣告公司、新聞媒體等

(二)考核示例

由於對基層經理四個方面考察的程序、方法大致相同,可參照產品副理的考核方法進行。下面僅列出考核的關鍵經營管理指標,不再給出權重數(見表 4-7-1)。

表 4-7-1　考核示例

考核內容	績效指標	權重	目標完成水準	權重	考核評分
財務層面	費用控制達成率				
	廣告前後銷量變動程度				
	費效化				
	計				
客戶層面	消費者走訪計劃執行情況				
	產品形象客戶評價				
	小計				
內部業務流程層面	媒介公司管理及媒介計劃執行評審				
	媒介檔案建立與管理				
	公關活動執行及評估				
	廣告計劃執行情況				
	小計				
學習與成長層面	領導能力				
	對媒介的影響力				
	公關能力				
總分	小計				

8 促銷主管的薪酬與考核

(一)崗位描述

1.總體工作目標

依據行銷本部的年度行銷策略，計劃、組織、監督執行促銷活動。

2.工作職責

⑴根據各產品經理提供的產品策略方案，制定促銷執行方案，監督並指導銷售部執行，並對其執行情況進行評估；

⑵指導並協助銷售部各辦事處制定月促銷推廣執行計劃以及對其計劃執行進行評估；

⑶跟蹤競品的促銷手段，提出相應的建議；

⑷參與、協同突發性(以應對競爭對手)傳播項目的策劃、執行、評估其中的促銷推廣部份；

⑸負責跟蹤、監督促銷物料及 POP 的購買計劃，並對其品質進行檢驗；

⑹制定促銷品、POP 等援助器材的發放計劃；

⑺控制促銷投入的預算，負責對年度、月、項目促銷活動的評估及分析；

⑻負責與銷售部其他相關部門的溝通協調工作。

3.任職資格

⑴ 25 歲以上；

⑵大專或大專以上學歷；

⑶至少 1 年以上相關工作經驗；

⑷具有成功的消費品行業促銷管理經歷；

⑸很強的談判能力及溝通能力；

⑹熟練運用辦公軟體、互聯網、電子郵件等電腦操作。

4.工作關係描述

(1)直接上級

· 整合傳播經理

(2)直接下級

· 促銷專員

5.工作對象

(1)公司內部

· 行銷總部品牌傳播部、市場行銷部、銷售管理部

(2)公司外部

· 促銷品供應商等

(二)考核示例

由於對基層經理四個方面考察的程序、方法大致相同，可參照產品副理的考核方法進行。下面僅列出考核的關鍵經營管理指標，不再給出權重數（見表 4-8-1）。

表 4-8-1　考核示例

考核內容	績效指標	權重	目標完成水準	權重	考核評分
財務層面	費用控制達成率				
	促銷前後銷量變動程度				
	費效比				
	小計				
客戶層面	消費者走訪計劃執行情況				
	消費者對促銷活動的評價與回饋				
	小計				
內部業務流程層面	促銷建議及計劃				
	促銷的執行與監督				
	促銷品管理				
	促銷培訓手冊				
	小計				
學習與成長層面	領導能力				
	經驗分享				
	公關能力				
	小計				
總分	—				

9 陳列主管的薪酬與考核

(一)崗位描述

1.總體工作目標

規範企業產品在零售終端的表現,提高企業形象,建立產品在各地區的知名度。

2.工作職責

⑴制定統一的售點生動化要求規範;

⑵編制促銷人員的培訓教材;

⑶負責對各辦事處的促銷人員進行培訓;

⑷指導辦事處進行促銷人員的招聘、培訓及實施管理;

⑸指導並監督銷售部各辦事處的陳列、促銷執行情況。

3.任職資格

⑴ 25 歲以上;

⑵大專或大專以上學歷;

⑶至少 1 年以上相關工作經驗;

⑷具有成功的消費品行業零售及促銷管理經歷;

⑸很強的談判能力及溝通能力;

⑹熟練運用辦公軟體、互聯網、電子郵件等電腦操作。

4.工作關係描述

(1)直接上級

· 整合傳播經理

(2)直接下級

· 陳列導購專員

5.工作對象

(1)公司內部

· 行銷總部品牌傳播部、市場行銷部

(2)公司外部

· 廣告公司、新聞媒體等

心得欄 ------------------------------

(二)考核示例

由於對基層經理四個方面考察的程序、方法大致相同，可參照產品副理的考核方法進行。下面僅列出考核的關鍵經營管理指標，不再給出權重數(見表 4-9-1)。

關鍵經營管理目標考核

表 4-9-1　考核示例

考核內容	績效指標	權重	目標完成水準	權重	考核評分
財務層面	費用控制達成率				
	費效化				
	小計				
客戶層面	賣場陳列效果的顧客評價				
	導購人員服務客戶滿意度				
	小計				
內部業務流程層面	賣場導購陳列效果的專家評價				
	購買點援助器材的提供				
	導購陳列員相關商品知識、服務技巧的掌握				
	小計				
學習與成長層面	領導能力				
	經驗分享				
	自我學習能力				
	小計				
總分	—				

10 銷售主管的薪酬與考核

(一)崗位描述

1.總體工作目標

建立良好與健康的客戶關係，提高管道的經營信心，確保提升公司產品在指定管道內的佔有率。

2.工作職責

⑴依據城市經理下達的銷售目標，與銷售代表共同制定分銷拜訪計劃，並確保經銷商銷售計劃的完成；

⑵負責向客戶傳達公司最新的銷售政策和市場動態信息，並對此的利用和執行給予足夠的支援和協助；

⑶負責管道或區域內有關信息的收集、整理和回饋；

⑷管理客戶庫存，協助和監督客戶做好庫存管理，避免超量儲存或貨品脫銷，保證產品庫存的合理性；

⑸與客戶定期進行對賬，並及時回饋；

⑹管理並審查銷售代表的拜訪次數、成功率和最佳的頻率；

⑺代表公司為客戶做各項服務工作。

3.任職資格

⑴ 25 歲以上；

⑵大專或以上學歷；

⑶有兩年以上快速消費品行業的工作經驗；

⑷有經銷商管理經驗，具備業務談判技巧及基本的銷售技巧；

⑸良好的溝通技巧，能在壓力下工作。

4.工作關係描述

(1)直接上級

· 城市經理

(2)直接下級

· 銷售代表

5.工作對象

(1)公司內部

· 銷售部

(2)公司外部

· 管道客戶等

心得欄 _____

_____

_____

_____

_____

_____

(二)考核示例

1.關鍵經營管理目標考核

表 4-10-1　2003 年 1 季銷售主管關鍵經營管理目標考核量表
（直接主管用表）

考核內容	績效指標	權重	目標完成水準	權重	考核評分
財務層面	銷售量（額）同期增長率	30	80	30	
	銷售目標完成率	40	100		
	費用的控制	30	80		
	小計				27
客戶層面	細分市場佔有率	25	80	25	
	市場覆蓋目標	25	90		
	經銷商滿意度	25	70		
	客戶保持率	25	80		
	小計				20
內部業務流程層面	貨款回收期、回收比例	30	90	20	
	拜訪計劃完成情況	30	80		
	促銷管理執行	20	100		
	安全庫存控制	20	70		
	小計				17
學習與成長層面	經驗分享	25	90	20	
	領導能力	50	80		
	人員培訓執行情況	25	80		
	小計				21
總分	—		—		85

2.領導能力考核指標

表 4-10-2　2003 年 1 季銷售主管領導能力考核量表（下屬用表）

考核要素	界　　定	分值	考核得分
目標管理能力	充分理解公司經營目標中本部門的核心任務，對部門目標能進行有效地再分解並制訂相應工作計劃 較好理解公司經營目標中本部門的核心任務，對部門目標能進行再分解並制訂相應工作計劃 基本理解公司經營目標中本部門的核心任務，對部門目標能進行再分解並制訂相應工作計劃 不能理解公司經營目標中本部門的核心任務，部門目標再分解不到位，沒有相應工作計劃	√	2
授權與指導能力	能夠充分有效地對下屬進行授權，能指導下屬積極主動地完成績效目標 較好對下屬進行授權，指導下屬積極完成績效目標 基本上能夠對下屬進行授權，指導下屬完成績效目標 對下屬授權不夠，不能指導下屬完成績效目標	√	1.5
培養下屬能力	有豐富的專業知識和能力培養下屬；能夠給下屬提供培訓和發展機會 有足夠的專業知識和能力培養下屬；基本上能夠給下屬提供培訓和發展機會 培養下屬能力與知識不足；不能夠給下屬提供培訓和發展機會	√	2
評價下屬能力	能夠客觀公正評價直接下屬的專業能力和工作績效 基本上能夠客觀公正評價直接下屬的專業能力和工作績效 不能夠客觀公正評價直接下屬的專業能力和工作績效	√	3
最後得分			8

表 4-10-3　銷售主管領導能力考核匯總表

序號	考核者姓名	考核者職位	考核得分
1	A		10
2	B		8
3	C		7
4	D		9
5	E		6
6	F		9
		總分	49
		最高分	10
		最低分	6
		最後得分（平均值）	8

註：該銷售主管領導能力得分為：8 分。

11 批發商銷售員的薪酬與考核

(一)崗位描述

1. 總體工作目標

負責所指定區域的業務開發，完成銷售目標和應收賬款的回收，提高一級分銷商對全年銷量目標完成的把握性並開拓新分銷管道。

2.工作職責

⑴協助經銷商共同拓展分銷網路，使當地銷售業績和市場佔有

率得到不斷鞏固和增長;

(2)依據片區經理下達的銷售目標,與終端商銷售代表共同制定分銷拜訪計劃,並確保經銷商銷售計劃的完成;

(3)負責培訓批發商的銷售代表,並協助和指導其完成深度分銷和各管道管理;

(4)負責協調好批發商之間的矛盾和衝突,通過合理的市場分區和市場支持,維護當地市場物流和價格的穩定性,保證廠家與各商家的共同利益;

(5)負責向批發商傳達公司最新的銷售政策和市場動態信息,並對此的利用和執行給予足夠的支援和協助;

(6)負責管道內有關信息的收集、整理和回饋,並對其所提供信息的真實、準確、有效、及時負責;

(7)協助和監督經銷商做好庫存管理,保證產品庫存的合理;

(8)與地區市場推廣專員一起,共同做好管道的廣告、促銷和公關等市場推廣工作。

3.任職資格

(1)高中以上文化程度;

(2)有分銷商管理經驗;

(3)具備業務談判技巧;

(4)具備較強的溝通能力。

4.工作關係描述

· 直接上級

· 銷售主管

工作對象

(1)公司內部

‧銷售部

(2)公司外部

‧管道客戶、行業協會、調研公司等

(二)考核示例

表 4-11-1　2003 年 1 季銷售代表關鍵經營管理目標考核量表

（直接主管用表

考核內容	績效指標	權重	目標完成水準	權重	考核評分
財務層面	銷售量（額）同期增長率	50	90	30	
	銷售目標完成率	50	100		
	小計				28
客戶層面	市場佔有率	25	80	25	
	市場覆蓋目標	25	90		
	經銷商滿意度	25	90		
	客戶保持率	25	90		
	小計				22
內部業務流程層面	貨款回收期、回收比例	30	90	20	
	客戶拜訪計劃完成情況	30	80		
	促銷管理執行情況	20	100		
	信息收集情況	20	90		
	小計				22
學習與成長層面	經驗分享	50	90	20	
	自我學習能力	50	80		
	小計				17
總分	─		─		89

12 顧客服務中心主管的薪酬與考核

(一)崗位描述

1.總體工作目標

作為公司委派的駐外中心負責人,全面負責所轄區域內的顧客服務工作,按照顧客服務部規定的程序和標準運作顧客服務中心。

2.工作職責與權限

⑴是公司委派的駐外中心負責人,全面負責所轄區域內的顧客服務工作,按照顧客服務部規定的程序和標準運作顧客服務中心;

⑵對中心範圍內的用戶重大投訴,服務品質和安全問題負責;

⑶對中心各種財產和服務成本負責,對配件發放等中心管理工作有批准權;

⑷對中心各崗位員工的工作紀律、工作安排、考核負責;

⑸對各種公共關係負責,每月走訪消協、技術監督局等公共關係部門和主要經銷單位;

⑹遇嚴重品質問題,批量性品質問題或嚴重服務品質問題,必須立即帶領人員到現場處理,避免因時間過長造成事態擴大等不良影響,並及時向總監彙報;

⑺配合銷售工作開發新網點,對符合條件的單位必須按規定程序及時開點;

⑻對不符合要求或違反廠部規定的網點提出整改建議或撤銷

網點資格；

　⑼隨時瞭解和統計商家在銷售中損壞機情況，提出處理意見，並根據審定的處理方案組織人員處理；

　⑽在確保服務品質的條件下，協助分公司經理開展和管理銷售工作；

　⑾維護公司的服務品牌形象；

　⑿負責制定中心人事計劃和招聘任免工作，並將人事檔案報備顧客服務部；

　⒀負責二級委託顧客服務中心的建設管理、培訓和技術支援工作。

3.任職資格

⑴年齡 35 歲以下；

⑵大學本科以上學歷；

⑶有 5 年以上工作經驗，其中顧客服務管理工作經驗 2 年以上；

⑷具備一定的家電維修知識；

⑸有較強的溝通能力及正直的品格；

⑹能熟練使用 office 軟體。

4.工作關係描述

⑴直接上級

· 顧客服務部總監

⑵直接下級

· 服務中心各職能專員

5.工作對象

(1)公司內部

· 顧客服務部、物流管理部、財務部、分公司等

(2)公司外部

· 轄區內公司經銷商、顧客、消協、技術監督局等公共部門

6.關鍵考核指標

下表列出了顧客服務部中心主任的關鍵考核指標及其計算和考核的方法。

表 4-12-1　顧客服務中心主任業績考核指標

評估指標	指標細目	指標說明	評估標準
考核總分			
用戶滿意率	以顧客滿意專員和品質保證部的年度抽訪結果為標準	用戶滿意率=抽訪滿意用戶數/抽訪用戶總數×100%	100% ≥90% 完成率≥80% ≥70% <70%
特許網點滿意率	以顧客滿意專員和品質保證部的年度抽訪結果為標準	特許網點滿意率=抽訪滿意網點數/抽訪網點總數×100%	100% ≥90% 完成率≥80% <80%
特殊用戶投訴處理滿意率	以定期尋訪顧客調查結果為標準	特殊用戶投訴處理滿意率=調查特殊用戶滿意數/調查特殊用戶總數×100%	100% ≥95% 完成率<95%

續表

			0
服務品質問題相關的媒體曝光次數	以實際媒體曝光次數為標準	相同事件連續負面報導進行次數累計	1
			2
			3
			預算內
費用控制	除安裝和維修費以外的費用	與相應細目年度預算進行比較	超預算 5%
			超預算 10%
			100%
領導、培訓和綜合管理能力	以績效考核委員會成員及下屬員工代表平均考核得分為標準	平均考核得分率=員工考核得分/員工滿分總數×100%	≥95%
			≥90%
			≥80%
			<80%
與相關部門的協同能力	以績效考核委員會成員及協同部門平均考核得分為標準	同上	同上

(二)考核示例

表 4-12-2 關鍵考核指標

考核內容	績效指標	權重	目標完成水準	權重	考核評分
財務層面	銷售目標完成率	70	80	20	
	費用的使用（見表 4-10.1）	50	80		
	小計				18
客戶層面	用戶滿意率	40	10	40	
	特許網點滿意率	30	90		
	特殊用戶投訴處理滿意率	30	80		
	小計				37
內部業務流程層面	服務品質問題相關的媒體曝光次數	30	90	20	
	服務信息系統建設情況	30	80		
	配件供應的及時性	20	70		
	費用結算時的及時性	20	90		
	小計				16
學習與成長層面	領導力	50	70	20	
	經驗分享	50	80		
	小計				15
總分	—		—		86

表 4-12-3 顧客服務中心主任費用控制考核量表（財務部用表）

費用預算		30 萬元
實際費用		28 萬元
預算執行情況*		120%
費用控制考核得分		
	費用考核標準	
預算執行情況		考核得分
B≤90%		
90%＜B≤100%		
100%＜B≤110%		
110%＜B≤130%		8
130%＜B≤150%		
1500%＜B		費用超高*
預算執行情況：（實際費用/費用預算）×100%		
費用超高：對於費用超高的部門，必須由該部門經理做出詳細說明，財務部門審核後報公司指定機構處理。		

表 4-12-4　顧客服務中心主管領導能力考核量表（下屬用表）

考核要素	界　定	分值	考核得分
目標管理能力	充分理解公司經營目標中本部門的核心任務，對部門目標能進行有效地再分解並制訂相應工作計劃 較好理解公司經營目標中本部門的核心任務，對部門目標能進行再分解並制訂相應工作計劃 基本理解公司經營目標中本部門的核心任務，對部門目標能進行再分解並制訂相應工作計劃 不能理解公司經營目標中本部門的核心任務，部門目標再分解不到位，沒有相應工作計劃	√	2
授權與指導能力	能夠充分有效地對下屬進行授權，能指導下屬積極主動地完成績效目標 較好對下屬進行授權，指導下屬積極完成績效目標 基本上能夠對下屬進行授權，指導下屬完成績效目標 對下屬授權不夠，不能指導下屬完成績效目標	√	1.5
培養下屬能力	有深度的專業知識和能力培養下屬；能夠給下屬提供培訓和發展機會 有足夠的專業知識和能力培養下屬；基本上能夠給下屬提供培訓和發展機會 培養下屬能力與知識不足；不能夠給下屬提供培訓和發展機會	√	2
評價下屬能力	能夠客觀公正評價直接下屬的專業能力和工作績效 基本上能夠客觀公正評價直接下屬的專業能力和工作績效 不能夠客觀公正評價直接下屬的專業能力和工作績效	√	1.5
最後得分			

13 技術培訓經理的薪酬與考核

(一)崗位描述

1.總體工作目標

作為公司技術與培訓負責人,依據本部顧客服務戰略與年度計劃,負責制定和實施本公司的年度培訓、技術支持計劃。

2.工作職責與權限

⑴全面負責技術與培訓科的工作,參與制定顧客服務部的戰略發展計劃,依據本部顧客服務戰略與年度計劃,負責制定本科室的管理制度,參與其審定,管理其實施活動;

⑵負責本科室年度、月工作計劃(對各顧客服務管理中心的技術支援與培訓)的制定和實施管理;

⑶積極配合與支援行銷部門統一組織的有關市場推廣活動;

⑷全面負責各地服務中心的管理和技術支援工作;

⑸負責制定顧客服務人員年度培訓計劃,組織培訓教材的編寫和管理培訓工作;

⑹負責顧客、競爭產品和本公司產品信息的收集、分析與回饋的管理工作;

⑺負責本科室員工的績效評估與獎罰;

⑻負責本科室年度預算的制定,費用支配和成本控制;

⑼培訓本科員工;

⑽受總監委託負責組織應對重要的非常規事件的發生；

⑾負責協調本科與相關部門的關係；

⑿實現本科工作範圍內的顧客滿意指標；

⒀參與顧客熱線值班，接聽顧客諮詢投訴電話，處理顧客投訴信件；

⒁完成總監佈置的其他任務。

3.任職資格

⑴年齡 35 歲以下；

⑵大學本科以上學歷；

⑶有 5 年以上工作經驗，其中技術培訓管理工作經驗 2 年以上；

⑷具備電器技術背景；

⑸有較強的溝通能力及正直的品格；

⑹能熟練使用 office 軟體。

4.工作關係描述

⑴直接上級

· 顧客服務部總監

⑵直接下級

· 技術培訓部各職能專員

5.工作對象

⑴公司內部

· 顧客服務部、各地顧客服務中心等

⑵公司外部

· 行業協會、技術監督局等

(二)考核及其在薪酬計算、發放上的運用

由於對中層經理四個方面考察的程序、方法大致相同,可參照地區服務中心主任的考核方法進行。下面僅列出考核的關鍵經營管理指標,不再給出權重數。

考核結果在薪酬計算和發放上的應用也可參照地區服務中心主任的原則和方法。

關鍵考核指標

下表列出了技術與培訓經理的關鍵考核指標及其計算和考核的方法。

表 4-13-1　顧客服務技術與培訓經理業績考核指標

評估指標	指標細目	指標說明	評估標準
考核總分			
服務中心對中心技術支援的滿意度	以各地的中心主任的打分為標準	滿意度=中心滿意度和/中心數×100%	≧90% 完成率≧80% <80%
服務中心對中心培訓的滿意度	以各地的中心主任的打分為標準	滿意度=中心滿意度和/中心數×100%	≧90% 完成率≧80% <80%
網點對技術支援的滿意度	以網點的打分為標準	滿意度=網點滿意度和/網點數×100%	≧90% 完成率≧80% <80%
網點對培訓的滿意度	以各地的中心主任的打分為標準	滿意度=網點滿意度和/網點數×100%	100% ≧90% 完成率≧80% <80%

			100%
中心管理	以中心主任平均考核得分為標準	下屬員工的平均考核得分率=中心主任得分總數/中心主任總數	≥95% 完成率≥90% ≥80 <80%
服務中心的監督	以中心管理問題的檢查遺漏次數為標準	以審計結果數目為依據	
服務信息系統的信息收集分析與回饋	以完整性、準確性和及時性為標準		完整性 準確性 及時性
領導培訓	以下屬員工平均考核得分為標準	下屬員工的平均考核得分率=下屬員工得分總數/下屬員工總數	100% 完成率≥90% ≥80% <80%

心得欄 _ _ _ _ _ _ _ _ _ _ _ _ _ _ _ _ _ _ _

_ _

_ _

_ _

_ _

_ _

第 五 章

銷售獎勵辦法的案例分析

一、基本框架

(一)適用範圍

本辦法適用鋰電銷售公司，包括：S辦事處、G辦事處、外貿部、軍品項目部、其他崗位。

崗位包括：辦事處主任、高級客戶經理、客戶經理、客服主管、商務助理、其他員工。

(二)考核指標和週期

1.辦事處主任/區域經理

年度考核。考核指標包括：銷售額、回款額、新客戶開發、區域管理。由行銷總監與辦事處主任/各區域經理簽訂《年度區域經理績效考核表》。

2.客戶經理

年度考核。考核指標包括：銷售額、回款額、新客戶開發、工作表現。

由辦事處主任/區域經理與各崗位員工簽訂《行銷人員年度績效考核表》。

3.客服主管

績效考核分年度、季考核。

季考核主要以季工作計劃完成情況為考核重點，工作計劃內應覆蓋：鐵鋰產品技術研發工作、鐵鋰產品市場技術交流工作、試點鐵鋰產品回訪工作、傳統產品市場服務工作、團隊管理等。

年度考核得分為四季分數的平均分。

4.客服人員

分年度、季考核。考核指標包括：技術交流計劃完成率、市場調查計劃完成率、重大投訴處理及時率、銷售配合滿意率、其他計劃完成率、工作表現等。

5.商務助理、其他人員

參照管理人員考核辦法。

二、考核流程

(一)客服人員季考核流程

(1)每季首月的 10 日前，對上季的績效進行考核，由行銷總監與客服主管討論本季績效計劃。績效考核表由客服主管與行銷總監簽字確認，客服類員工要完成對上季工作績效的填報。

(2)每季首月的 15 日，在員工填報的基礎上，由客服主管與客服人員進行面談溝通，對員工上季工作績效進行評價：雙方討論本季績效計劃，績效考核表由客服人員與客服主管簽字確認。

(二)客服人員年度考核流程

以年度述職的形式進行，結合年度目標及季績效考核結果進行綜合評定。年度績效考核在每年年初實施，具體時間每年根據股份公司安排另行通知，程序如下。

(1)員工述職

員工按《員工年度綜合考評表》要求填寫一、二部份，並根據鋰電銷售公司安排進行述職。

(2)績效溝通

考核雙方面談溝通，由區域經理對員工上年度工作績效進行評價，同時雙方討論本年度績效計劃完成情況；面談過程中區域經理應指導、幫助員工制訂績效改進計劃和培訓計劃，並共同完成考核表第三部份。

(3)員工考核

區域經理在溝通的基礎上對員工一年來的工作績效進行綜合評價，結合四個季績效考核結果，評定員工年度考核等級。

三、績效考核評分標準

(1)70 分制(滿意標準為 70 分)的評分標準適用行銷人員；70 分制的評分是透過各關鍵績效指標的計分規則計算得分而來，如計算得分超過 70 分，按不高於 100 分的原則進行計分。

(2)70 分制(滿意標準為 70～79 分)的評分標準適用於客服人員和商務助理。以上評分必須為整數。

(3)實行淘汰機制：對行銷人員當年考核分低於 70 分的，給予 3 個月的期限，在此期間仍未達到目標績效的，給予調崗或解除合

約。

四、行銷人員績效考核計算

(一)行銷人員年度績效獎勵由績效年薪、超量獎勵兩部份組成。

(二)績效年薪

1.適用內銷

(1)辦事處主任/區域經理

年度績效考核分＝年度業績考核分×85%+部門考核分×15%

績效年薪＝年度績效考核分×目標年薪－預發部份薪資

(2)客戶經理

年度績效考核分＝年度業績綜合得分×80%+區域考核分×20%

績效年薪＝年度績效考核分×目標年薪－預發部份薪資

(3)客服主管

季績效得分＝部門考核分×15%+績效×85%

年度績效考核得分＝季崗位績效平均分

(4)客服人員

季績效得分＝績效分×80%+客服主管考核分×20%

年度績效得分＝季崗位績效平均分。

2.適用外貿

(1)外貿部經理績效年薪

年度績效考核分＝年度業績考核分×85%+部門考核分×15%

績效年薪＝年度績效考核分×目標年薪－預發部份薪資

(2)外貿客戶經理績效年薪

年度績效考核分＝年度業績綜合得分×80％+區域考核分×20％

績效年薪＝年度績效考核分×目標年薪－預發部份薪資

(3)外貿銷售額基本獎勵＝實際銷售額×0.7％，由區域經理提具體內部份配方案，報鋰電銷售公司銷售總監審核、總經理審批確定。

(三)超量獎勵計算辦法

(1)以辦事處/區域為單位核算，如超出目標銷售額，則給予超額獎勵。由區域經理提交區域內部具體分配方案並報鋰電分管副總審批後確定。

(2)計算公式

獎勵額＝(實際銷售額－目標銷售額)×獎勵比例，獎勵比例見表 5-1-1。

表 5-1-1　超量獎勵的獎勵比例

區域	目標銷售額（萬元）	目標利潤率	超額≤100萬	超額≤300萬	超額＞300萬
S辦事處	1200	25％	1％	1.5％	2％
外貿部	600	25％	0.2％	0.3％	0.3％
G省區域	400	16％	0.5％	1％	1.5％
軍品項目部	300	40％	1％	2％	3％
合計	2500	25％			

(3)超量獎勵費用不含在銷售費用預算中，由鋰電銷售公司在年底利潤中支出。

五、附則

(1)年銷售費用率、回款費用率、回款獎罰不列入薪資考核，具體提取比例、管理及使用詳見年度《銷售費用管理制度》。

(2)區域年度、季目標，由銷售部年度目標分解及實際情況進行測算確定報鋰電銷售公司審批後下達。員工年度、季目標由區域/部門根據目標分解確定，報銷售部批准後實施。

(3)年度、季區域績效計劃由銷售部根據年度目標與區域經理溝通制定後由商務助理負責考核跟蹤落實；年度、季員工績效計劃由區域根據區域績效計劃進行分解，確定員工績效計劃後報商務助理。

(4)區域、員工績效計劃及考核必須在考核流程規定的時間內完成，若區域經理不按時完成績效計劃制定及績效考核評分，則當月薪資按最低保障薪資標準發放，並在下季考核中扣除 10 分。

(5)本辦法自 X 年 1 月 1 日起執行，由人力資源部、鋰電銷售公司銷售部負責解釋。

心得欄 _____

_____

_____

_____

_____

_____

附件 1：年度辦事處/區域績效考核表

序號	關鍵指標	目標值	實際值	權重	考核分	審核分	計算公式	數據來源
1	銷售額			45%			實際值/目標值×70	財務部
2	回款額			40%			實際值/目標值×70	財務部
3	新客戶開發			10%			按照年初設定新客戶開發目標確定	銷售部
4	區域管理			5%				銷售部

附件 2：行銷人員年度績效考核表

序號	關鍵指標	目標值	實際值	權重	考核分	審核分	計算公式	數據來源
1	銷售額			45%			實際值/目標值×70	財務部
2	回款額			40%			實際值/目標值×70	財務部
3	新客戶開發			10%			按照年初設定新客戶開發目標確定	銷售部及區域
4	工作表現			5%				區域評價

附件 2 的補充說明：關於新客戶開發的評分標準。

(1)開發目標

S 區域目標為 5 家，每家合作潛力不低於 100 萬元/年。G 區域目標為 5 家，每家合作潛力不低於 100 萬元廠年。軍品開發目標為 4 家，每家合作潛力不低於 50 萬元/年。外貿部目標為 5 家，每家合作潛力不低於 100 萬元/年(匯率以 6.8 計算)。

(2)判斷合格開發目標方式

已經完成送樣檢測，已經完成商務價格回款洽談，已經開始小批量合作。在確定為目標合格開發客戶後，將計入年增量考核。

(3)評分方式

X＝實際開發客戶數/目標開發客戶數×10 分

附件 3：客服主管季績效考核表

序號	工作任務	工作目標	權重	完成情況	考核	審核
鐵鋰產品相關計劃			70%			
傳統產品相關計劃			30%			

附件 4：商務內勤季績效考核表

序號	工作任務	工作目標	權重	完成情況	考核	審核
常規工作	訂單評審及時率	20%	80%			
	費用報銷及時率	20%				
	發貨安排準確率	20%				
	月銷售計劃完成及時率	20%				
月重點工作			20%			
獨立事件		完成工作準確率100%	每出現一次重大失誤扣減1分			

臺灣的核心競爭力，就在這裏！

圖 書 出 版 目 錄

下列圖書是由臺灣的憲業企管顧問（集團）公司所出版，自1993年秉持專業立場，特別注重實務應用，50餘位顧問師為企業界提供最專業的經營管理類圖書。

選購企管書，敬請認明品牌：**憲 業 企 管 公 司**。

1. 傳播書香社會，直接向本出版社購買，一律9折優惠，郵遞費用由本公司負擔。服務電話(02)27622241 (03)9310960 傳真(03)9310961
2. 付款方式：請將書款轉帳到我公司下列的銀行帳戶。
   - 銀行名稱：合作金庫銀行（敦南分行） 帳號：**5034-717-347447**
     公司名稱：憲業企管顧問有限公司
   - 郵局劃撥號碼：**18410591** 郵局劃撥戶名：憲業企管顧問公司
3. 圖書出版資料每週隨時更新，請見網站 www.**bookstore99**.com

經營顧問叢書

25	王永慶的經營管理	360元	125	部門經營計劃工作	360元
47	營業部門推銷技巧	390元	129	邁克爾・波特的戰略智慧	360元
52	堅持一定成功	360元	130	如何制定企業經營戰略	360元
56	對準目標	360元	135	成敗關鍵的談判技巧	360元
60	寶潔品牌操作手冊	360元	137	生產部門、行銷部門績效考核手冊	360元
72	傳銷致富	360元			
78	財務經理手冊	360元	139	行銷機能診斷	360元
79	財務診斷技巧	360元	140	企業如何節流	360元
86	企劃管理制度化	360元	141	責任	360元
91	汽車販賣技巧大公開	360元	142	企業接棒人	360元
97	企業收款管理	360元	144	企業的外包操作管理	360元
100	幹部決定執行力	360元	146	主管階層績效考核手冊	360元
106	提升領導力培訓遊戲	360元	147	六步打造績效考核體系	360元
122	熱愛工作	360元	148	六步打造培訓體系	360元

149	展覽會行銷技巧	360 元
150	企業流程管理技巧	360 元
152	向西點軍校學管理	360 元
154	領導你的成功團隊	360 元
155	頂尖傳銷術	360 元
160	各部門編制預算工作	360 元
163	只為成功找方法，不為失敗找藉口	360 元
167	網路商店管理手冊	360 元
168	生氣不如爭氣	360 元
170	模仿就能成功	350 元
176	每天進步一點點	350 元
181	速度是贏利關鍵	360 元
183	如何識別人才	360 元
184	找方法解決問題	360 元
185	不景氣時期，如何降低成本	360 元
186	營業管理疑難雜症與對策	360 元
187	廠商掌握零售賣場的竅門	360 元
188	推銷之神傳世技巧	360 元
189	企業經營案例解析	360 元
191	豐田汽車管理模式	360 元
192	企業執行力（技巧篇）	360 元
193	領導魅力	360 元
198	銷售說服技巧	360 元
199	促銷工具疑難雜症與對策	360 元
200	如何推動目標管理（第三版）	390 元
201	網路行銷技巧	360 元
204	客戶服務部工作流程	360 元
206	如何鞏固客戶（增訂二版）	360 元
208	經濟大崩潰	360 元
215	行銷計劃書的撰寫與執行	360 元
216	內部控制實務與案例	360 元
217	透視財務分析內幕	360 元
219	總經理如何管理公司	360 元
222	確保新產品銷售成功	360 元
223	品牌成功關鍵步驟	360 元
224	客戶服務部門績效量化指標	360 元
226	商業網站成功密碼	360 元
228	經營分析	360 元
229	產品經理手冊	360 元
230	診斷改善你的企業	360 元
232	電子郵件成功技巧	360 元
234	銷售通路管理實務〈增訂二版〉	360 元
235	求職面試一定成功	360 元
236	客戶管理操作實務〈增訂二版〉	360 元
237	總經理如何領導成功團隊	360 元
238	總經理如何熟悉財務控制	360 元
239	總經理如何靈活調動資金	360 元
240	有趣的生活經濟學	360 元
241	業務員經營轄區市場（增訂二版）	360 元
242	搜索引擎行銷	360 元
243	如何推動利潤中心制度（增訂二版）	360 元
244	經營智慧	360 元
245	企業危機應對實戰技巧	360 元
246	行銷總監工作指引	360 元
247	行銷總監實戰案例	360 元
248	企業戰略執行手冊	360 元
249	大客戶搖錢樹	360 元
250	企業經營計劃〈增訂二版〉	360 元
252	營業管理實務（增訂二版）	360 元
253	銷售部門績效考核量化指標	360 元
254	員工招聘操作手冊	360 元
256	有效溝通技巧	360 元
257	會議手冊	360 元
258	如何處理員工離職問題	360 元
259	提高工作效率	360 元
261	員工招聘性向測試方法	360 元
262	解決問題	360 元
263	微利時代制勝法寶	360 元
264	如何拿到 VC（風險投資）的錢	360 元
267	促銷管理實務〈增訂五版〉	360 元
268	顧客情報管理技巧	360 元
269	如何改善企業組織績效〈增訂二版〉	360 元
270	低調才是大智慧	360 元
272	主管必備的授權技巧	360 元

275	主管如何激勵部屬	360元
276	輕鬆擁有幽默口才	360元
277	各部門年度計劃工作（增訂二版）	360元
278	面試主考官工作實務	360元
279	總經理重點工作（增訂二版）	360元
282	如何提高市場佔有率（增訂二版）	360元
283	財務部流程規範化管理（增訂二版）	360元
284	時間管理手冊	360元
285	人事經理操作手冊（增訂二版）	360元
286	贏得競爭優勢的模仿戰略	360元
287	電話推銷培訓教材（增訂三版）	360元
288	贏在細節管理（增訂二版）	360元
289	企業識別系統 CIS（增訂二版）	360元
290	部門主管手冊（增訂五版）	360元
291	財務查帳技巧（增訂二版）	360元
292	商業簡報技巧	360元
293	業務員疑難雜症與對策（增訂二版）	360元
294	內部控制規範手冊	360元
295	哈佛領導力課程	360元
296	如何診斷企業財務狀況	360元
297	營業部轄區管理規範工具書	360元
298	售後服務手冊	360元
299	業績倍增的銷售技巧	400元
300	行政部流程規範化管理（增訂二版）	400元
301	如何撰寫商業計畫書	400元
302	行銷部流程規範化管理（增訂二版）	400元
303	人力資源部流程規範化管理（增訂四版）	420元
304	生產部流程規範化管理（增訂二版）	400元
305	績效考核手冊(增訂二版)	400元
306	經銷商管理手冊(增訂四版)	420元
307	招聘作業規範手冊	420元
308	喬·吉拉德銷售智慧	400元
309	商品鋪貨規範工具書	400元
310	企業併購案例精華（增訂二版）	420元
311	客戶抱怨手冊	400元
312	如何撰寫職位說明書（增訂二版）	400元
313	總務部門重點工作（增訂三版）	400元
314	客戶拒絕就是銷售成功的開始	400元
315	如何選人、育人、用人、留人、辭人	400元
316	危機管理案例精華	400元
317	節約的都是利潤	400元
318	企業盈利模式	400元
319	應收帳款的管理與催收	420元
320	總經理手冊	420元
321	新產品銷售一定成功	420元
322	銷售獎勵辦法	420元

《商店叢書》

18	店員推銷技巧	360元
30	特許連鎖業經營技巧	360元
35	商店標準操作流程	360元
36	商店導購口才專業培訓	360元
37	速食店操作手冊〈增訂二版〉	360元
38	網路商店創業手冊〈增訂二版〉	360元
40	商店診斷實務	360元
41	店鋪商品管理手冊	360元
42	店員操作手冊（增訂三版）	360元
43	如何撰寫連鎖業營運手冊〈增訂二版〉	360元
44	店長如何提升業績〈增訂二版〉	360元
45	向肯德基學習連鎖經營〈增訂二版〉	360元
47	賣場如何經營會員制俱樂部	360元
48	賣場銷量神奇交叉分析	360元
49	商場促銷法寶	360元

53	餐飲業工作規範	360 元
54	有效的店員銷售技巧	360 元
55	如何開創連鎖體系〈增訂三版〉	360 元
56	開一家穩賺不賠的網路商店	360 元
57	連鎖業開店複製流程	360 元
58	商鋪業績提升技巧	360 元
59	店員工作規範（增訂二版）	400 元
60	連鎖業加盟合約	400 元
61	架設強大的連鎖總部	400 元
62	餐飲業經營技巧	400 元
63	連鎖店操作手冊（增訂五版）	420 元
64	賣場管理督導手冊	420 元
65	連鎖店督導師手冊（增訂二版）	420 元
66	店長操作手冊（增訂六版）	420 元
67	店長數據化管理技巧	420 元
68	開店創業手冊〈增訂四版〉	420 元
69	連鎖業商品開發與物流配送	420 元
70	連鎖業加盟招商與培訓作法	420 元

《工廠叢書》

15	工廠設備維護手冊	380 元
16	品管圈活動指南	380 元
17	品管圈推動實務	380 元
20	如何推動提案制度	380 元
24	六西格瑪管理手冊	380 元
30	生產績效診斷與評估	380 元
32	如何藉助 IE 提升業績	380 元
35	目視管理案例大全	380 元
38	目視管理操作技巧(增訂二版)	380 元
46	降低生產成本	380 元
47	物流配送績效管理	380 元
51	透視流程改善技巧	380 元
55	企業標準化的創建與推動	380 元
56	精細化生產管理	380 元
57	品質管制手法〈增訂二版〉	380 元
58	如何改善生產績效〈增訂二版〉	380 元
68	打造一流的生產作業廠區	380 元
70	如何控制不良品〈增訂二版〉	380 元

71	全面消除生產浪費	380 元
72	現場工程改善應用手冊	380 元
75	生產計劃的規劃與執行	380 元
77	確保新產品開發成功（增訂四版）	380 元
79	6S 管理運作技巧	380 元
80	工廠管理標準作業流程〈增訂二版〉	380 元
83	品管部經理操作規範〈增訂二版〉	380 元
84	供應商管理手冊	380 元
85	採購管理工作細則〈增訂二版〉	380 元
87	物料管理控制實務〈增訂二版〉	380 元
88	豐田現場管理技巧	380 元
89	生產現場管理實戰案例〈增訂三版〉	380 元
90	如何推動 5S 管理（增訂五版）	420 元
92	生產主管操作手冊(增訂五版)	420 元
93	機器設備維護管理工具書	420 元
94	如何解決工廠問題	420 元
95	採購談判與議價技巧〈增訂二版〉	420 元
96	生產訂單運作方式與變更管理	420 元
97	商品管理流程控制(增訂四版)	420 元
98	採購管理實務〈增訂六版〉	420 元
99	如何管理倉庫〈增訂八版〉	420 元
100	部門績效考核的量化管理（增訂六版）	420 元
101	如何預防採購舞弊	420 元

《醫學保健叢書》

1	9 週加強免疫能力	320 元
3	如何克服失眠	320 元
4	美麗肌膚有妙方	320 元
5	減肥瘦身一定成功	360 元
6	輕鬆懷孕手冊	360 元
7	育兒保健手冊	360 元
8	輕鬆坐月子	360 元
11	排毒養生方法	360 元

13	排除體內毒素	360 元
14	排除便秘困擾	360 元
15	維生素保健全書	360 元
16	腎臟病患者的治療與保健	360 元
17	肝病患者的治療與保健	360 元
18	糖尿病患者的治療與保健	360 元
19	高血壓患者的治療與保健	360 元
22	給老爸老媽的保健全書	360 元
23	如何降低高血壓	360 元
24	如何治療糖尿病	360 元
25	如何降低膽固醇	360 元
26	人體器官使用說明書	360 元
27	這樣喝水最健康	360 元
28	輕鬆排毒方法	360 元
29	中醫養生手冊	360 元
30	孕婦手冊	360 元
31	育兒手冊	360 元
32	幾千年的中醫養生方法	360 元
34	糖尿病治療全書	360 元
35	活到120歲的飲食方法	360 元
36	7天克服便秘	360 元
37	為長壽做準備	360 元
39	拒絕三高有方法	360 元
40	一定要懷孕	360 元
41	提高免疫力可抵抗癌症	360 元
42	生男生女有技巧〈增訂三版〉	360 元

《培訓叢書》

11	培訓師的現場培訓技巧	360 元
12	培訓師的演講技巧	360 元
15	戶外培訓活動實施技巧	360 元
17	針對部門主管的培訓遊戲	360 元
20	銷售部門培訓遊戲	360 元
21	培訓部門經理操作手冊（增訂三版）	360 元
23	培訓部門流程規範化管理	360 元
24	領導技巧培訓遊戲	360 元
26	提升服務品質培訓遊戲	360 元
27	執行能力培訓遊戲	360 元
28	企業如何培訓內部講師	360 元
29	培訓手冊（增訂五版）	420 元

30	團隊合作培訓遊戲(增訂三版)	420 元
31	激勵員工培訓遊戲	420 元
32	企業培訓活動的破冰遊戲（增訂二版）	420 元
33	解決問題能力培訓遊戲	420 元
34	情緒管理培訓遊戲	420 元
35	企業培訓遊戲大全(增訂四版)	420 元

《傳銷叢書》

4	傳銷致富	360 元
5	傳銷培訓課程	360 元
10	頂尖傳銷術	360 元
12	現在輪到你成功	350 元
13	鑽石傳銷商培訓手冊	350 元
14	傳銷皇帝的激勵技巧	360 元
15	傳銷皇帝的溝通技巧	360 元
19	傳銷分享會運作範例	360 元
20	傳銷成功技巧（增訂五版）	400 元
21	傳銷領袖（增訂二版）	400 元
22	傳銷話術	400 元
23	如何傳銷邀約	400 元

《幼兒培育叢書》

1	如何培育傑出子女	360 元
2	培育財富子女	360 元
3	如何激發孩子的學習潛能	360 元
4	鼓勵孩子	360 元
5	別溺愛孩子	360 元
6	孩子考第一名	360 元
7	父母要如何與孩子溝通	360 元
8	父母要如何培養孩子的好習慣	360 元
9	父母要如何激發孩子學習潛能	360 元
10	如何讓孩子變得堅強自信	360 元

《成功叢書》

1	猶太富翁經商智慧	360 元
2	致富鑽石法則	360 元
3	發現財富密碼	360 元

《企業傳記叢書》

1	零售巨人沃爾瑪	360 元
2	大型企業失敗啟示錄	360 元
3	企業併購始祖洛克菲勒	360 元
4	透視戴爾經營技巧	360 元

5	亞馬遜網路書店傳奇	360 元
6	動物智慧的企業競爭啟示	320 元
7	CEO 拯救企業	360 元
8	世界首富 宜家王國	360 元
9	航空巨人波音傳奇	360 元
10	傳媒併購大亨	360 元

《智慧叢書》

1	禪的智慧	360 元
2	生活禪	360 元
3	易經的智慧	360 元
4	禪的管理大智慧	360 元
5	改變命運的人生智慧	360 元
6	如何吸取中庸智慧	360 元
7	如何吸取老子智慧	360 元
8	如何吸取易經智慧	360 元
9	經濟大崩潰	360 元
10	有趣的生活經濟學	360 元
11	低調才是大智慧	360 元

《DIY 叢書》

1	居家節約竅門 DIY	360 元
2	愛護汽車 DIY	360 元
3	現代居家風水 DIY	360 元
4	居家收納整理 DIY	360 元
5	廚房竅門 DIY	360 元
6	家庭裝修 DIY	360 元
7	省油大作戰	360 元

《財務管理叢書》

1	如何編制部門年度預算	360 元
2	財務查帳技巧	360 元
3	財務經理手冊	360 元
4	財務診斷技巧	360 元
5	內部控制實務	360 元
6	財務管理制度化	360 元
8	財務部流程規範化管理	360 元
9	如何推動利潤中心制度	360 元

為方便讀者選購，本公司將一部分上述圖書又加以專門分類如下：

《主管叢書》

1	部門主管手冊（增訂五版）	360 元
2	總經理手冊	420 元

4	生產主管操作手冊（增訂五版）	420 元
5	店長操作手冊（增訂六版）	420 元
6	財務經理手冊	360 元
7	人事經理操作手冊	360 元
8	行銷總監工作指引	360 元
9	行銷總監實戰案例	360 元

《總經理叢書》

1	總經理如何經營公司(增訂二版)	360 元
2	總經理如何管理公司	360 元
3	總經理如何領導成功團隊	360 元
4	總經理如何熟悉財務控制	360 元
5	總經理如何靈活調動資金	360 元
6	總經理手冊	420 元

《人事管理叢書》

1	人事經理操作手冊	360 元
2	員工招聘操作手冊	360 元
3	員工招聘性向測試方法	360 元
5	總務部門重點工作	360 元
6	如何識別人才	360 元
7	如何處理員工離職問題	360 元
8	人力資源部流程規範化管理（增訂四版）	420 元
9	面試主考官工作實務	360 元
10	主管如何激勵部屬	360 元
11	主管必備的授權技巧	360 元
12	部門主管手冊（增訂五版）	360 元

《理財叢書》

1	巴菲特股票投資忠告	360 元
2	受益一生的投資理財	360 元
3	終身理財計劃	360 元
4	如何投資黃金	360 元
5	巴菲特投資必贏技巧	360 元
6	投資基金賺錢方法	360 元
7	索羅斯的基金投資必贏忠告	360 元
8	巴菲特為何投資比亞迪	360 元

《網路行銷叢書》

1	網路商店創業手冊〈增訂二版〉	360 元
2	網路商店管理手冊	360 元

3	網路行銷技巧	360 元
4	商業網站成功密碼	360 元
5	電子郵件成功技巧	360 元
6	搜索引擎行銷	360 元

《企業計劃叢書》

| 1 | 企業經營計劃〈增訂二版〉 | 360 元 |

2	各部門年度計劃工作	360 元
3	各部門編制預算工作	360 元
4	經營分析	360 元
5	企業戰略執行手冊	360 元

請保留此圖書目錄：

　　未來在長遠的工作上，此圖書目錄可能會對您有幫助！！

在海外出差的………
臺 灣 上 班 族

愈來愈多的台灣上班族，到海外工作(或海外出差)，對工作的努力與敬業，是台灣上班族的核心競爭力；一個明顯的例子，返台休假期間，台灣上班族都會抽空再買書，設法充實自身專業能力。

[憲業企管顧問公司]以專業立場，為企業界提供專業咨詢，並提供最專業的各種經營管理類圖書。

85%的台灣上班族都曾經有過購買(或閱讀)[憲業企管顧問公司]所出版的各種企管圖書。

建議你：工作之餘要多看書，加強競爭力。

建立企業圖書館

當市場競爭激烈時：

培訓員工，強化員工競爭力
是企業最佳對策

　　「人才」是企業最大的財富。如何提升人才，是企業永續經營、戰勝對手的核心競爭力。積極培訓公司內部員工，是經濟不景氣時期的最佳戰略，而最快速的具體作法，就是「**建立企業內部圖書館，鼓勵員工多閱讀、多進修專業書籍**」

　　建議您：請一次購足本公司所出版各種經營管理類圖書，作為貴公司內部員工培訓圖書。使用率高的（例如「贏在細節管理」），準備 3 本；使用率低的（例如「工廠設備維護手冊」），只買 1 本。

經營顧問叢書 ㉜　　　　　　售價：420 元

銷 售 獎 勵 辦 法

西元二〇一六年十一月　　　　　　　初版一刷

編輯指導：黃憲仁

編著：何永祺

策劃：麥可國際出版有限公司（新加坡）

編輯：蕭玲

校對：劉飛娟

發行人：黃憲仁

發行所：憲業企管顧問有限公司

電話：(02）2762-2241　　（03）9310960　　0930872873

電子郵件聯絡信箱：huang2838@yahoo.com.tw

銀行 ATM 轉帳：合作金庫銀行　　帳號：5034-717-347447

郵政劃撥：18410591　　憲業企管顧問有限公司

江祖平律師顧問：紙品書、數位書著作權與版權均歸本公司所有

登記證：行政業新聞局版台業字第 6380 號

本公司徵求海外版權出版代理商（0930872873）

本圖書是由憲業企管顧問（集團）公司所出版，以專業立場，為企業界提供最專業的各種經營管理類圖書。

圖書編號 ISBN：978-986-369-051-1